人工
智能

科学与技术丛书

DEEP LEARNING THEORY AND
PRACTICE USING MATLAB

深度学习
理论及实战
（MATLAB版）

赵小川　何灏◎著
Zhao Xiaochuan　He Hao

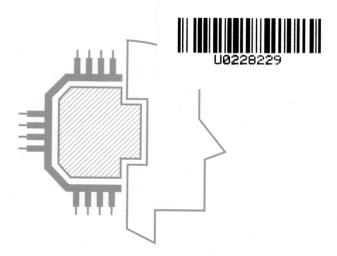

U0228229

清华大学出版社
北京

内 容 简 介

本书主要介绍深度学习理论及实战,共5章,内容包括机器学习、人工神经网络、卷积神经网络、MATLAB深度学习工具箱和应用实例。在介绍基础理论方面,本书深入浅出、语言生动、通俗易懂;在介绍应用实例时,本书贴近实际、步骤翔实、举一反三。本书对数十个例程进行了深入的讲解,并对代码进行了详细的注解。

本书可以作为人工智能、电子信息、计算机科学相关专业的本科生、研究生的教材,也可作为本科毕业设计、研究生学术论文的参考资料,还可作为相关工程技术人员的参考资料。

图书在版编目(CIP)数据

深度学习理论及实战:MATLAB版/赵小川,何灏著.—北京:清华大学出版社,2021.2
(人工智能科学与技术丛书)
ISBN 978-7-302-56421-8

Ⅰ. ①深… Ⅱ. ①赵… ②何… Ⅲ. ①Matlab 软件 Ⅳ. ①TP317

中国版本图书馆 CIP 数据核字(2020)第 171483 号

责任编辑:刘　星　李　晔
封面设计:李召霞
责任校对:李建庄
责任印制:沈　露

出版发行:清华大学出版社
　　　　　网　　　址:http://www.tup.com.cn,http://www.wqbook.com
　　　　　地　　　址:北京清华大学学研大厦 A 座　　　邮　　　编:100084
　　　　　社 总 机:010-62770175　　　　　　　　　邮　　　购:010-83470235
　　　　　投稿与读者服务:010-62776969,c-service@tup.tsinghua.edu.cn
　　　　　质量反馈:010-62772015,zhiliang@tup.tsinghua.edu.cn
　　　　　课件下载:http://www.tup.com.cn,010-83470236
印 装 者:三河市龙大印装有限公司
经　　　销:全国新华书店
开　　　本:170mm×240mm　　印　　　张:14.75　　字　　　数:299 千字
版　　　次:2021 年 2 月第 1 版　　　　　　　　印　　　次:2021 年 2 月第 1 次印刷
印　　　数:1~2000
定　　　价:79.00 元

产品编号:088536-01

PREFACE

前　言

　　15 年的学习研究，2 年的策划准备，100 天的精心撰写，《深度学习理论及实战》（MATLAB 版）一书今日付梓，感触颇多。 本书是关于人工智能领域"深度学习"理论与技术的著作，谈及本书的特色及心路历程，不妨用几个与"度"有关的关键词来述说。

关键词一："深度"

　　近年来，以深度学习为代表的人工智能技术发展得如火如荼，也正在改变着人们生活的方方面面。 与传统的机器学习相比，深度学习的理论更深、技术更难。 本书力图做到深入浅出，尽量用通俗易懂的语言、实用生动的案例把理论与方法讲清楚、说明白。

关键词二："角度"

　　"深度卷积神经网络"是模仿大脑工作机理的一种智能系统，本书以"系统角度"→"数学角度"→"仿生角度"为主线，对相关知识进行讲解。 值得一提的是，本书还从"文化角度"增加了一些中国元素，如： 从《荀子·正名》对"智、能"的解读讲到对人工智能的理解； 以我们学习汉语的过程来说明卷积神经网络的自动提取特征、抽象语义的过程； 以相似的汉字结构变化来类比深度学习中的迁移学习； 以中医针灸来类比激活函数……

关键词三："温度"

　　撰写带有"温度"的书一直是我所追求的，即使是科技类的书，也不应该是"冰冷"的。 因此，在本书中，添加了 "温馨提示""经验分享""心得分享"等版块； 在本书讲解的 30 个程序中，每个程序都做了详细的注释，并且对操作中可能存在的问题也一一进行了提示。

关键词四："态度"

　　通过这本书，我想传递两个态度。 一是"授人以渔"。 本书更加注重对方法、过程的讲解，希望读者在实际应用中能够触类旁通、举一反三；同时还增加了一些"编程体验"的环节，希望读者在动手实践的过程中增加对书中知识的体验。二是"持续学习"。如今，科技与社会迅速发展，持续学习已成为一项重要的能力和素质，本书中的很多内容也是我持续学习的结果。我的包里总会放一本书，地铁上、高铁上、会议前，只要你想学，时间总会有的；同时，为了写好本书我还认真地学习了多个国内外的相关课程。

关键词五："适度"

宋玉曾言"东家之子，增之一分则太长，减之一分则太短。"此实为本书力求的理想之态——格局内蕴，属意"适度"。然而，任何一本书都有它的局限性，本书也不例外，希望读者在读此书时，多多思考，多多交流，对于本书有待提高之处提出适度的建议，有兴趣的读者可发送邮件到 workemail6@163.com。

今天是 2020 年的母亲节，也以此书献给天下的母亲，尤其是我的家人！

赵小川

2020 年 5 月 10 日于北京

本书提供以下相关配套资源：

- 程序代码、习题答案等资料，请扫描下方二维码下载或者到清华大学出版社官方网站本书页面下载。

资源下载

CONTENTS

目 录

第1章 从"机器学习"讲起 ………………………………………… 1

1.1 走近"机器学习" …………………………………………… 1
   1.1.1 什么是"机器学习" ………………………………… 1
   1.1.2 机器学习的主要任务 ……………………………… 2
   1.1.3 机器学习的分类 …………………………………… 3
   1.1.4 什么是"深度学习" ………………………………… 5
   1.1.5 机器学习的应用举例 ……………………………… 6
   扩展阅读: 对"人工智能"的理解 ……………………… 7
1.2 解读"机器学习的过程" ………………………………… 8
   1.2.1 机器学习的过程 …………………………………… 8
   1.2.2 机器学习中的数据集 ……………………………… 9
   1.2.3 过拟合与欠拟合 …………………………………… 10
   心得分享: "机器学习"与"雕刻时光" ………………… 10
1.3 典型的机器学习算法——SVM ………………………… 11
   1.3.1 从"最走心"的国界线说起 ………………………… 11
   1.3.2 "支持向量机"名字的由来 ………………………… 11
   1.3.3 SVM 分类器的形式 ……………………………… 12
   1.3.4 如何找到最佳分类线 ……………………………… 13
   1.3.5 基于 SVM 的多分类问题 ………………………… 14
1.4 思考与练习 ………………………………………………… 15

第2章 解析"人工神经网络" …………………………………… 16

2.1 神经元——人工神经网络的基础 ……………………… 16
   2.1.1 生物神经元 ………………………………………… 16
   2.1.2 人工神经元 ………………………………………… 17

2.1.3　激活函数 ··· 19

2.2　神经网络的结构及工作原理 ·· 21

2.2.1　神经网络的结构组成 ·· 21

2.2.2　神经网络的工作原理 ·· 22

2.2.3　一些常见的概念 ·· 24

扩展阅读：人工神经网络发展简史 ··· 26

2.3　从数学角度来认识神经网络 ·· 28

2.3.1　本书中采用的符号及含义 ·· 28

2.3.2　神经元的激活 ·· 29

2.3.3　神经网络的学习 ·· 30

2.3.4　寻找损失函数最小值——梯度下降法 ···························· 31

2.3.5　误差反向传播 ·· 32

2.3.6　基于误差反向传播的参数更新流程 ······························ 34

2.4　如何基于神经网络进行分类 ·· 35

2.4.1　基于神经网络实现二分类 ·· 35

2.4.2　基于神经网络实现多分类 ·· 37

扩展阅读：交叉熵 ·· 39

2.5　思考与练习 ··· 39

第 3 章　探索"卷积神经网络" ·· 41

3.1　深入浅出话"卷积" ··· 41

3.1.1　卷积的运算过程 ·· 41

3.1.2　卷积核对输出结果的影响 ·· 43

3.1.3　卷积运算在图像特征提取中的应用 ······························ 45

扩展阅读：数字图像处理的基础知识 ·· 48

编程体验 1：读入一幅数字图像并显示 ······································ 49

编程体验 2：基于 MATLAB 实现二维图像的滑动卷积 ··················· 50

3.2　解析"卷积神经网络" ··· 51

3.2.1　从 ImageNet 挑战赛说起 ··· 52

3.2.2　卷积神经网络的结构 ·· 53

3.2.3　卷积层的工作原理 ··· 54

3.2.4　非线性激活函数的工作原理 ·· 56

3.2.5　池化层的工作原理 ··· 56

3.2.6　卷积神经网络与全连接神经网络的区别 ························· 58

3.2.7　从仿生学角度看卷积神经网络 ····································· 58

扩展阅读：创建 ImageNet 挑战赛初衷 ····································· 59

3.3　从数学的角度看卷积神经网络 ·· 60

　　3.3.1　本书中采用的符号及含义 ·· 60

　　3.3.2　从数学角度看卷积神经网络的工作过程 ································ 61

　　3.3.3　如何求代价函数 ··· 66

　　3.3.4　采用误差反向传播法确定卷积神经网络的参数 ···················· 67

3.4　认识经典的"卷积神经网络" ··· 69

　　3.4.1　解析 LeNet5 卷积神经网络 ··· 70

　　3.4.2　具有里程碑意义的 AlexNet ·· 72

　　3.4.3　VGG-16 卷积神经网络的结构和参数 ···································· 73

　　3.4.4　卷积神经网络为何会迅猛发展 ··· 74

3.5　思考与练习 ··· 75

第 4 章　基于 MATLAB 深度学习工具箱的实现与调试 ················· 76

4.1　构造一个用于分类的卷积神经网络 ·· 76

　　4.1.1　实例需求 ··· 76

　　4.1.2　开发环境 ··· 77

　　4.1.3　开发步骤 ··· 77

　　4.1.4　常用的构造卷积神经网络的函数 ······································· 78

　　4.1.5　构造卷积神经网络 ·· 81

　　4.1.6　程序实现 ··· 83

扩展阅读：批量归一化层的作用 ·· 85

编程体验：改变卷积神经网络的结构 ··· 85

4.2　训练一个用于预测的卷积神经网络 ·· 89

　　4.2.1　实例需求 ··· 89

　　4.2.2　开发步骤 ··· 89

　　4.2.3　构建卷积神经网络 ·· 90

　　4.2.4　训练卷积神经网络 ·· 94

　　4.2.5　程序实现 ··· 98

扩展阅读 1：设置学习率的经验与技巧 ··· 101

扩展阅读 2：随机失活方法（dropout）的作用 ······································· 102

扩展阅读 3：小批量方法（minibatch）的作用 ······································· 102

编程体验：改变网络训练配置参数 ·· 102

4.3　采用迁移学习进行物体识别 ··· 110

　　4.3.1　站在巨人的肩膀上——"迁移学习" ··································· 110

　　4.3.2　实例需求 ·· 110

　　4.3.3　开发步骤 ·· 110

4.3.4 加载训练好的网络 ……………………………………………………… 112

4.3.5 如何对网络结构和样本进行微调 ……………………………………… 112

4.3.6 函数解析 ………………………………………………………………… 113

4.3.7 程序实现及运行效果 …………………………………………………… 113

扩展阅读：多角度看"迁移学习" ………………………………………… 118

4.4 采用 Deep Network Designer 实现卷积网络设计 …………………………… 120

4.4.1 什么是 Deep Network Designer …………………………………… 120

4.4.2 如何打开 Deep Network Designer …………………………………… 121

4.4.3 需求实例 ………………………………………………………………… 121

4.4.4 在 Deep Network Designer 中构建卷积神经网络 ………………… 121

4.4.5 对网络进行训练与验证 ………………………………………………… 128

4.4.6 Deep Network Designer 的检验功能 ………………………………… 131

4.5 采用 Deep Network Designer 实现迁移学习 ………………………………… 132

4.5.1 基于 Deep Network Designer 的网络结构调整 …………………… 133

4.5.2 对网络进行训练 ………………………………………………………… 137

4.6 如何显示、分析卷积神经网络 ………………………………………………… 142

4.6.1 如何查看训练好的网络的结构和信息 ……………………………… 142

4.6.2 如何画出深度网络的结构图 ………………………………………… 143

4.6.3 如何用 analyzeNetwork 函数查看与分析网络 ……………………… 143

4.7 如何加载深度学习工具箱可用的数据集 …………………………………… 148

4.7.1 如何加载 MATLAB 自带的数据集 ………………………………… 148

4.7.2 如何加载自己制作的数据集 ………………………………………… 151

4.7.3 如何加载网络下载的数据集——以 CIFAR-10 为例 ……………… 153

4.7.4 如何划分训练集与测试集 …………………………………………… 156

编程体验 1：基于 CIFAR-10 数据集训练卷积神经网络 ………………… 157

4.8 如何构造一个具有捷径连接的卷积神经网络 ……………………………… 159

4.8.1 本节用到的函数 ……………………………………………………… 159

4.8.2 实例需求 ………………………………………………………………… 161

4.8.3 创建含有捷径连接的卷积神经网络的实现步骤 …………………… 161

4.8.4 程序实现 ………………………………………………………………… 163

4.8.5 对捷径连接网络进行结构检查 ……………………………………… 166

编程体验：采用例程 4.8.2 所构建的卷积神经网络进行图像分类 …… 169

4.9 思考与练习 ……………………………………………………………………… 170

第 5 章 应用案例深度解析 ………………………………………………………… 174

5.1 基于卷积神经网络的图像分类 ………………………………………………… 174

5.1.1   什么是图像分类 ··· 174

5.1.2   评价分类的指标 ··· 176

5.1.3   基于深度学习和数据驱动的图像分类 ·················· 177

5.1.4   传统的图像分类与基于深度学习的图像分类的区别 ······ 177

5.1.5   基于 AlexNet 的图像分类 ·· 177

5.1.6   基于 GoogLeNet 的图像分类 ·································· 180

5.1.7   基于卷积神经网络的图像分类抗干扰性分析 ········· 181

扩展阅读：计算机视觉的发展之路 ······································ 184

编程体验：体验 GoogLeNet 识别图像的抗噪声能力 ·········· 185

5.2   基于 LeNet 卷积神经网络的交通灯识别 ·························· 187

5.2.1   实例需求 ·· 187

5.2.2   卷积神经网络设计 ·· 187

5.2.3   加载交通灯数据集 ·· 188

5.2.4   程序实现 ·· 189

5.3   融合卷积神经网络与支持向量机的图像分类 ·················· 195

5.3.1   整体思路 ·· 196

5.3.2   本节所用到的函数 ·· 196

5.3.3   实现步骤与程序 ·· 196

编程体验：基于 AlexNet 和 SVM 的图像分类 ···················· 201

5.4   基于 R-CNN 的交通标志检测 ·· 204

5.4.1   目标分类、检测与分割 ··· 204

5.4.2   目标检测及其难点问题 ··· 204

5.4.3   R-CNN 目标检测算法的原理及实现过程 ················ 205

5.4.4   实例需求 ·· 206

5.4.5   实现步骤 ·· 207

5.4.6   本节所用到的函数 ·· 207

5.4.7   程序实现 ·· 208

5.4.8   基于 AlexNet 迁移学习的 R-CNN 实现 ·················· 211

5.4.9   基于 Image Labeler 的 R-CNN 目标检测器构建 ······· 213

5.5   基于 Video Labeler 与 R-CNN 的车辆检测 ···················· 217

5.5.1   实例需求 ·· 217

5.5.2   实现步骤 ·· 217

5.6   思考与练习 ··· 223

参考文献 ··· 225

CHAPTER

1

从"机器学习"讲起

1.1 走近"机器学习"

俗话说,"千里之行始于足下。""深度学习"是"机器学习"领域的一个分支,因此,在学习"深度学习"的相关理论与方法之前,首先需要对机器学习的相关理论进行介绍。

本节重点讲解如下内容:

- 机器学习的内涵;
- 机器学习的任务及分类。

1.1.1 什么是"机器学习"

"机器学习"是我们在科研和生活中经常听到的词汇,回想一下,当你第一次听到"机器学习"这个词时,脑海里可能会出现"机器人在学习"这样的画面,如图 1.1.1 右侧所示,然而,"机器学习"却非此意。

的确,机器学习这个词是让人疑惑的,首先它是英文名称 Machine Learning (简称 ML)的直译。在计算领域,Machine 一般指计算机。这个名字使用了拟人的手法,说明了这门技术是让计算机"学习"的技术。

所谓机器学习,是从已知数据中去发现规律,用于对新事物的判别或未知事物的预测。简言之,机器学习就是让计算机从数据中受到启发,来彰显数据背后的规

图 1.1.1　"机器学习"不等于"机器人"在学习

律,把无序的数据转换成有用的信息。

机器学习和人的学习有类似之处。人类在成长、生活过程中积累了很多的历史与经验。人类定期对这些经验进行"归纳",获得了生活的"规律"。当人类遇到未知的问题或者需要对未来进行"推测"的时候,人类使用这些"规律",对未知问题与未来进行"推测",从而指导自己的生活和工作。机器学习中的"训练"与"预测"过程可以对应到人类的"归纳"和"推测"过程。通过这样的对应,可以发现,机器学习的思想并不复杂,它是对人类在生活中学习成长的一个模拟。女排世界冠军、著名排球教练郎平在总结成功之道时说过:"积累多了就是经验,经验多了可以应变,应变多了就是智慧。"人类智慧是对生活的感悟,是对经历与经验的积淀与思考,这与机器学习的思想何其相似——通过数据,获取规律,应对变化,预测未知。"机器学习"与"人类学习"的类比如图 1.1.2 所示。

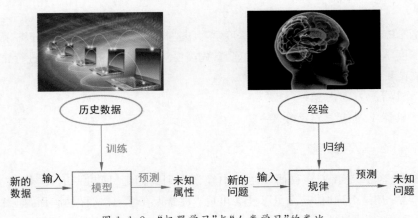

图 1.1.2　"机器学习"与"人类学习"的类比

1.1.2　机器学习的主要任务

机器学习的主要任务主要包括以下两个方面:一是分类,二是预测(也称为回归)。分类是指通过已知数据进行规则的总结,并基于该规则对新输入的数据进行分门别类。分类是将事物打上一个标签,通常结果为离散值,例如,判断一幅图片上的动物是一只猫还是一只狗。在生活中,应用机器学习进行分类的例子比比皆是,例如,电子邮件过滤,机器学习程序通过分析你以前标记为垃圾邮件的电子邮件及群发的被大家标记为垃圾邮件的电子邮件,并与新接收到的邮件进行比较,如果比较相似度超过一定的阈值,则将这些邮件标记为垃圾邮件并放到相应的文件夹中,将其他的电子归类为正常的邮件并发送到你的邮箱内。

预测是通过已知数据进行规律的总结,并基于该规律对未来的发展趋势进行预测,如预测房价、未来的天气情况等。在实际生活中,在线购物时会收到各种推荐的商品,有时这些商品还真是符合我们的需求,在这背后,也是机器学习在起作用,网站的机器学习程序将你之前的购物记录作为样本进行学习,并预测出你未来可能需要的东西并推送给你。

1.1.3　机器学习的分类

机器学习主要包括 3 种类型:监督学习、无监督学习和强化学习。

1. 监督学习

监督学习是指用来训练网络的数据,我们已经知道其对应的输出,这个输出可以是一个类别标签,也可以是一个或多个值。模型经过训练后,利用新来的数据就可以给出对应的标签或者数值。

监督学习和人类学习知识的过程很相似。就拿我们做练习题学习数学知识的过程来说:当我们做某一道数学题时,我们应用现有的数学知识来解题,通过对比正确答案,判断做得是否正确,如果答案错误,就查漏补缺。与监督学习作类比,习题和答案可以看作训练数据,数学知识对应于模型。在监督学习中,每个训练数据集都应该包含输入和与之相对应的正确输出。学习的目的就是减少正确输出与模型输出之间的差别。

2. 无监督学习

监督学习中的一个显著特征就是训练数据中包含了标签,训练出的模型可以对其他未知数据定义标签。在无监督学习中,训练数据都是不含标签的,而无监督学习算法的目的则是通过训练,推测出这些数据的类别。

举个简单的例子来理解无监督学习。有两类植物的名字你不知道,但是看过大量图片之后,你能发现这两类植物的不同特征,从而把这两类植物区分开来。

聚类是一种典型的无监督学习。进行聚类的基本思想是:计算向量之间的距离,根据距离的大小判断对象是否应该归为同一类别。聚类的示意图如图 1.1.3 和图 1.1.4 所示。

3. 强化学习

强化学习强调如何基于环境而行动,以取得最大化的预期利益,其灵感来源于

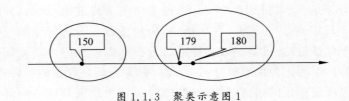

图 1.1.3　聚类示意图 1

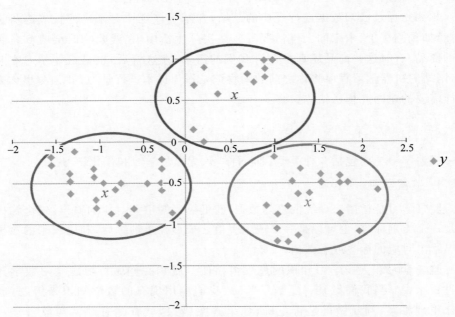

图 1.1.4　聚类示意图 2

心理学中的行为主义理论,即物体如何在环境给予的奖励或惩罚的刺激下,逐步形成对刺激的预期,产生能获得最大利益的习惯性行为。

　　强化学习不像监督学习那样对于每一个数据都有着明确的标签信息,也不像无监督学习那样全无标签信息。强化学习有着相对稀疏的反馈标注,即奖励(reward)。强化学习过程就从这些奖励中明确行为的对错程度,学习如何与环境互动。

　　监督学习、非监督学习、强化学习的训练样本对比如表 1.1.1 所示。

表 1.1.1　监督学习、非监督学习、强化学习的训练样本对比

名　　称	样　　本
监督学习	(输入,标签)
非监督学习	(输入)
强化学习	(输入,一些输出,这些输出的等级)

1.1.4 什么是"深度学习"

深度学习(见图 1.1.5)通常指的是基于深度人工神经网络架构的机器学习,它是机器学习的一个重要发展方向,深度人工神经网络是一种包含两层以上隐藏层的多层神经网络,如图 1.1.6 所示。

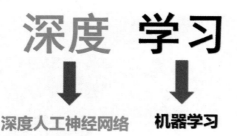

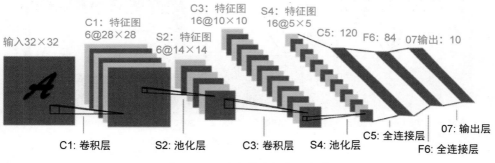

图 1.1.5 深度学习概念示意图

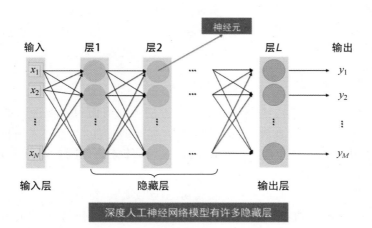

图 1.1.6 深度人工神经网络示意图

深度学习出现以后,对计算机视觉的发展起到了极大的促进作用。以人脸识别来说,在深度学习出现之前,人验识别算法大多使用颜色、纹理、形状或者局部特征以及各种特征融合，人脸识别成功率一般为94%～95%。在实际应用中的成功率只有90%～92%。深度学习出现以后，人验识别成功率提高到了99.5%以上。毫不夸张地说，深度学习使我们进入了一个"刷脸"的时代。

深度学习是一种特殊的神经网络，是机器学习的一个分支；而机器学习又是人工智能的一个分支；人工智能、机器学习、深度学习之间的关系如图1.1.7所示。

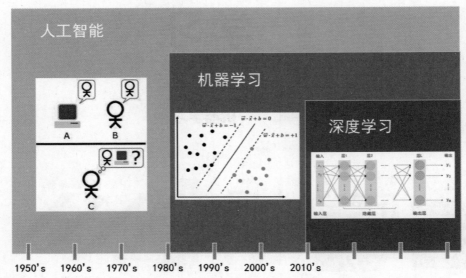

图1.1.7　人工智能、机器学习、深度学习之间的关系

人工智能是一门基于计算机科学、生物学、心理学、神经科学、数学和哲学等综合学科的科学和技术。机器学习是实现人工智能的一种途径，旨在通过分析挖掘大量历史数据，找到不同数据项之间的映射函数，并利用该映射函数进行结果预测。深度学习是一种实现机器学习的技术，它适合处理大规模数据。

1.1.5　机器学习的应用举例

在什么情况下，我们应该使用机器学习方法呢？当面对涉及大量数据和很多变量的复杂问题，但没有现成的经验公式或方程处理时，可以考虑采用机器学习的方法；同时，机器学习更适用于"变化"的情况，如任务的规则在不断变化、数据本身在不断变化、数据本身也在不断变化。

人脸识别是机器学习的一个非常成功的应用领域，特别是基于深度学习的人脸识别的成功率已达到99.5%以上，我们也因此进入到了一个刷脸的时代。通过人脸识别，大大提高了高铁安检的效率；通过人脸识别，大大提高了网络支付的便捷性。基于机器学习的人脸识别示意图如图1.1.8所示。

美国罗格斯大学艺术与人工智能实验室的研究人员曾经想知道计算机能否像人类一样根据风格、流派和艺术家将绘画作品进行归类。起初，研究人员通过视觉

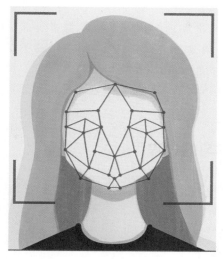

图 1.1.8　基于机器学习的人脸识别示意图

特征识别来对绘画作品的风格分类,准确度为 60%;接着,他们应用机器学习分类算法,对跨度长达 550 年的 66 位不同艺术家的 1700 幅绘画作品进行了测试,效果良好。

　　RAC 是英国最大的汽车公司之一,为了能够快速响应道路事故、减少碰撞事故和保险费用,RAC 开发了车载撞击感应系统,该系统采用先进的机器学习算法检测低速碰撞,并且可将这些行为与更常见的驾驶行为区分开。独立测试数据显示 RAC 系统在碰撞检测测试中获得的准确度达到 92%。

| 扩展阅读 |

对"人工智能"的理解

　　人类对"智能"的探索与解读,亘古至今,源远流长。孙武在《孙子兵法·计篇》中写道:"将者,智、信、能、勇、严也。智能发谋,信能赏罚、仁能附众,勇能果断,严能立威。五德皆备,然后可以为大将。"荀子在《荀子·正名》中云:"知有所合,谓之智;能有所合,谓之能。"

　　"人工智能"一词最早是在 20 世纪 50 年代提出的,人工智能的目标是让计算机像人一样思考与学习。被喻为人工智能之父的图灵,提出了著名的图灵测试:人类与机器通过电传设备对话,如果人类无法根据这个对话过程判断对方是机器还是人,图灵测试便认为这台机器具有人工智能。20 世纪 80 年代,约翰·塞尔将人工智能分为强人工智能和弱人工智能。强人工智能是指机器具有与人类一样完整的认知能力;弱人工智能是指机器不需要具有与人类一样完整的认知能力。目前,从技术角度讲,人工智能可以理解为是研究、开发用于模拟、延伸和扩展人的智能的理论、方法、技术及应用系统的科学与技术。

人工智能概念的提出至今已有 60 余年,风云际会,潮起潮落,在数十年的发展中,人工智能有过高潮,也出现过低谷。近年来,随着计算机技术、信息技术的快速发展,人工智能迎来新一轮发展浪潮。2016 年,谷歌研发的 AlphaGo 人工智能程序战胜韩国围棋九段棋手李世石,带给人们强烈的冲击。毋庸置疑,人工智能俨然已成为未来技术发展方向,世界主要发达国家都将其列为重大发展战略,力图在国际竞争中掌握主导权。

1.2　解读"机器学习的过程"

通过对 1.1 节的学习,我们了解了"机器学习是什么",那么,机器学习是如何实现的呢？本节将详细解读。

本节重点讲解的内容包括:

- 机器学习的过程;
- 机器学习的数据集;
- 过拟合与欠拟合。

1.2.1　机器学习的过程

由 1.1 节的介绍可知,机器学习的本质是从数据中确定模型参数并利用训练好的参数进行数据处理的技术,其基本实现流程如图 1.2.1 所示。

图 1.2.1　机器学习的基本实现流程

在实际的实现过程中,模型的训练需要反复迭代,如图 1.2.2 所示。

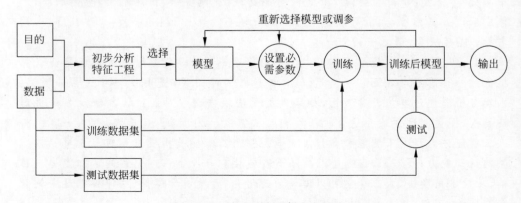

图 1.2.2　模型训练反复迭代的过程

从数学角度看,机器学习的目标是建立起输入数据与输出的函数关系,如果用 x 代表输入数据、用 y 代表输出,机器学习的目标就是建立 $y=F(x)$ 的过程。$F(x)$ 就是我们所说的模型。对于用户来说,模型就相当于一个黑箱,用户无须知道其内部的结构,只要将数据输入模型中,它就可以输出对应的数值。那么,怎么确定 $F(x)$ 呢?是通过大量的数据训练得到的。在训练时,定义一个损失函数 $L(x)$(如真实的输出与模型输出的偏差),通过数据反复迭代,使损失函数 $L(x)$ 达到最小,此时的 $F(x)$ 就是所确定的模型。

在学习机器学习的相关理论与技术的过程中,经常会遇到一些专业的概念和术语,下面就给出常见的概念及术语的通俗易懂的解释。

- 训练样本:就是用于训练的数据。
- 训练:对训练样本的特征进行统计和归纳的过程。
- 模型:总结出的规律、标准,迭代出的函数映射。
- 验证:用验证数据集评价模型是否正确的过程,即用一些样本数据,代入到模型中去,看它的准确率如何。
- 超参数:是在开始学习过程之前设置值的参数,而不是通过训练得到的参数。在深度习中常见的超参数有学习速率、迭代次数、层数、每层神经元的个数等;超参数有时也被简称为"超参"。
- 参数:模型可以根据数据可以自动学习出的变量,在深度学习中常见的参数有权重、偏置等。
- 泛化:是指机器学习算法对新样本的适应能力。

1.2.2　机器学习中的数据集

"数据决定了机器学习的上限,而模型和算法只是逼近这个上限。"由此可见,数据对于整个机器学习项目至关重要。

数据集中或多或少都会存在数据缺失、分布不均衡、存在异常数据、混有无关紧要的数据等诸多数据不规范的问题。这就需要对收集到的数据进行进一步的处理,这样的步骤叫作"数据预处理"。

在机器学习中,一般将数据集划分为两大部分:一部分用于模型训练,称作训练集(train set);另一部分用于模型泛化能力评估,称作测试集(test set)。在模型训练阶段会将训练集再次划分为两部分:一部分用于模型的训练;另一部分用于交叉验证,称作验证集(validation set)。

对训练集、测试集、验证集可以有如下的理解:学生课本中的例题即训练集;教师布置的作业、月考等都算作是验证集;高考为测试集。学生上课过程中所学习到的知识以及课上做的练习题就是模型训练的过程。训练集、验证集和测试集的示意图如图 1.2.3 所示。

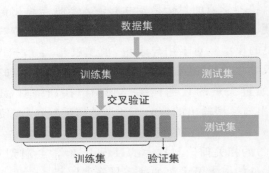

图 1.2.3　训练集、验证集和测试集的示意图

1.2.3　过拟合与欠拟合

过拟合和欠拟合是机器学习中常见的现象。

过拟合（见图 1.2.4）是指模型在训练数据集上表现过于优越，导致在验证数据集以及测试数据集中表现不佳，也就是在训练集上准确率很高，但换新数据会严重误判。

欠拟合（见图 1.2.5）是指样本过少，无法归纳出足够的共性。模型在训练集表现差，在测试集表现同样会很差。欠拟合的具体表现为：模型拟合程度不高、数据距离拟合曲线较远、模型没有很好地捕捉到数据特征等。

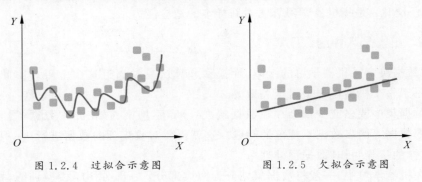

图 1.2.4　过拟合示意图　　　　　　　图 1.2.5　欠拟合示意图

❘ 心得分享 ❘

"机器学习"与"雕刻时光"

谈到机器学习，有人把它比作艺术，认为每一个模型都有它自己独特的结构、参数和训练技巧，每一次重新调整模型参数时，你也不会知道训练的结果将会怎样、是好是坏；正如每一幅画都有自己"独一无二"的美，在你没有放下画笔之前，无法确定画卷的最终样子。

在这个世界上，我们也是"独一无二"的，每个人有每个人的特质。时光荏苒，我们在岁月的长河里打磨历练、丰富阅历,正是这万千"经历"的样本,训练了我们的"经验"模型,使我们能够愈发清晰地明辨是非、把握未来。

1.3　典型的机器学习算法——SVM

SVM(Support Vector Machine,支持向量机)由数学家 Vapnik 等人提出,是机器学习方法中经典的分类方法之一。

本节将重点介绍如下内容:

- SVM 的原理;
- 如何基于 SVM 进行二分类、多分类。

1.3.1　从"最走心"的国界线说起

波兰和乌克兰的国境线被誉为是"最走心"的国界线(见图 1.3.1),人们在两国的国界两旁种下了 23 种不同的植物,形成了鱼形麦田圈。

图 1.3.1　最走心的国界线

"国界线"就可以看作二维空间中 SVM 的形象解释,它传递出了以下几点重要的信息:

(1)线性函数;

(2)具有分类功能;

(3)最大限度地避免由于归属不清而产生的争议。

以上 3 点也正是 SVM 分类算法的核心思想。

1.3.2　"支持向量机"名字的由来

很多人听到"支持向量机"都觉得高深莫测。之所以叫这个名字,是因为该算法中支持向量样本对分类的合理性起到了关键性的作用。那什么是支持向量（Support Vector）呢？支持向量是离分类线或分类平面最近的样本点。

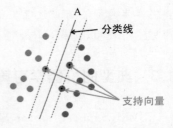

图 1.3.2　支持向量示意图

　　如图 1.3.2 所示，有两类样本数据（橙色和蓝色的小圆点），中间的黑色实线是分类线，两条虚线上的点（橙色圆点 1 个和蓝色圆点 2 个）是距离分类线最近的点，这些点即为支持向量。

1.3.3　SVM 分类器的形式

　　SVM 是一种线性分类器，分类的对象要求是线性可分的（见图 1.3.3）。只有样本数据是线性可分的，才能找到一条线性分类线或分类平面等，SVM 分类才能成立。假如样本特征数据是线性不可分的（见图 1.3.4），则这样的线性分类线或分类面是根本不存在的，SVM 分类也就无法实现。

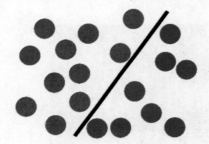

图 1.3.3　线性可分示意图

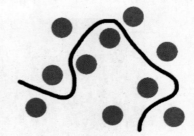

图 1.3.4　线性不可分示意图

　　对于不同维度空间，SVM 分类器的形式特点也不同，如图 1.3.5 所示，在二维空间中，SVM 分类器是一条直线；在三维空间中，SVM 分类器是一个平面；在多维空间中，SVM 分类器是一个超平面。

空间维度	SVM 形式	图形示例
二维空间	一条直线	
三维空间	一个平面	
多维空间	超平面	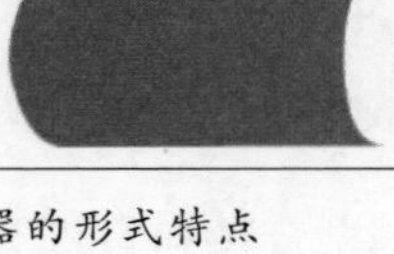

图 1.3.5　不同维度空间 SVM 分类器的形式特点

1.3.4 如何找到最佳分类线

图 1.3.6(a)是已有的数据,红色和蓝色分别代表两个不同的类别。数据显然是线性可分的,但是将两类数据点分开的直线显然不止一条。图 1.3.6(b)和图 1.3.6(c)分别给出了两种不同的分类方案,对于图 1.3.6(a)中的数据,分类"效果"是相同的,但两条分类线的分类"效能"是不同的。

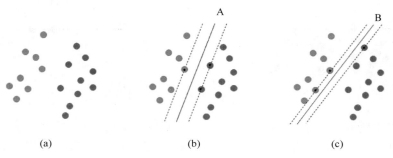

(a) (b) (c)

图 1.3.6 不同的分类线可实现相同的效果

如图 1.3.7(a)所示,当增加一个橙色的样本点时,分类线 A 和分类线 B 的分类效果的差异就体现出来了。分类线 A 依然可以正确分类,分类线 B 却将橙色的样本点分到了另一边,如图 1.3.7(b)和图 1.3.7(c)所示。

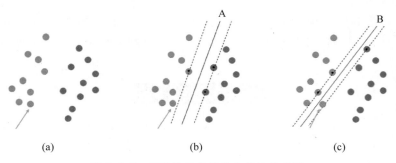

(a) (b) (c)

图 1.3.7 不同的分类线的分类效能不同

为什么会产生上面的原因呢?这里涉及第一个 SVM 独有的概念"间隔最大化"。所谓间隔最大化,说的是分类线(或分类超平面)与两类数据的间隔要尽可能大,SVM 的目标是:以间隔最大化为原则找到最合适的那个分类器。

如图 1.3.8 所示,图中蓝色分类线 L2 偏向了橙色数据一方,因而不是要找的理想的分类器。红色分类线 L1 离两类数据都尽可能远,实现间隔最大化。图中两条虚线(S1 和 S2)上的圆点数据即为支持向量,它们距离分类直线最近。现在仅保留这些支持向量数据点进行分析,可以看出两条虚线之间的间隔距离为 r,支持向量到分类线的距离则为 $r/2$,这个值即为分类间隔。间隔最大化,就是最大化这个值。分类间隔值 $r/2$ 只与支持向量数据点有关,与其他非支持向量数据点无关。

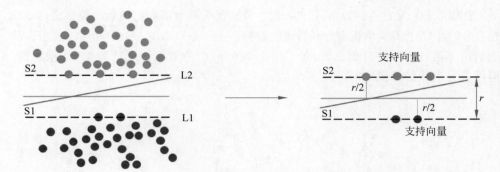

图 1.3.8   分类间隔示意图

对于线性可分的分类数据,其分类线(或超平面)可以用函数 $f(x) = w^{\mathrm{T}}x + b$ 来表示,确定了参数 w^{T} 和 b,也就确定了该分类线(或超平面),常用的确定参数 w^{T} 和 b 的方法包括感知器法、损失函数法和最小二乘法等。

1.3.5   基于 SVM 的多分类问题

虽然 SVM 是针对二值分类问题提出,但也可以进一步推广到多分类问题,可以采用以下几种方法:

(1) 选定其中一种类别样本单独作为一个类别,除该类别外的其余类别样本则归为另一个类别,例如,对"兰、竹、菊、梅"4 种植物进行分类,如图 1.3.9 所示。

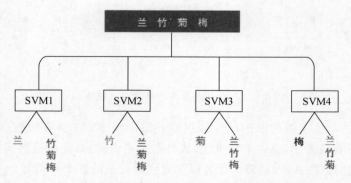

图 1.3.9   基于 SVM 的多分类举例 1

(2) 采用基于二叉树的方法。仍然以对"兰、竹、菊、梅"4 种植物进行分类,如图 1.3.10 所示。

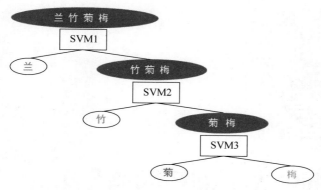

图 1.3.10　基于 SVM 的多分类举例 2

1.4　思考与练习

1. 请简述人工智能、机器学习、深度学习的联系与区别。

2. "分类"与"聚类"的区别是什么？

3. 什么是"监督学习"？

4. 请解释下列与机器学习相关的术语：

(1) 回归；

(2) 泛化。

5. 在机器学习中，"超参数"与"参数"的区别是什么？

6. 在用于机器学习的数据集中，"测试集"和"验证集"的区别是什么？

7. 请绘制"过拟合"与"欠拟合"的示意图。

8. 请简述机器学习的过程。

9. 请简述"支持向量机"分类器的工作原理。

10. 如何用"支持向量机"分类器实现多分类？

CHAPTER

2

解析"人工神经网络"

2.1 神经元——人工神经网络的基础

人工神经网络是对生物神经网络的模仿。在介绍人工神经网络之前,有必要对构成生物神经网络基础的神经元(Neuron)进行一定的了解。本节首先介绍生物神经元,然后介绍受生物神经元的启发而设计的人工神经元。

本节重点讲解如下内容:

- 人工神经元的数学模型;
- 常见的激活函数。

2.1.1 生物神经元

医学研究表明,人类大脑皮层中大约包含 100 亿～140 亿个神经元、60 万亿个神经突触,以及 1000 万亿个联系纽带。神经元之间通过相互连接形成错综复杂而又灵活多变的神经网络系统。

神经系统的基本结构和功能单位是神经元细胞,它主要由细胞体(包括细胞核和细胞质)、树突、轴突和突触构成,如图 2.1.1 所示:树突是从其他神经元接收信号的突起;轴突是向其他神经元发送信号的突起;突触是神经元之间在功能上发生联系的部位。

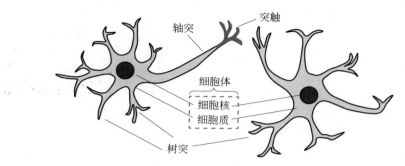

图 2.1.1　生物神经元示意图

　　假设一个神经元从其他几个神经元接收到了信号,但是此时接收信号的和没有超过该神经元固有的边界值[或者称为阈值(Threshold)],该神经元的细胞体就会忽略收到的信号,不做任何反应(见图 2.1.2)。对于生命来说,忽略微小的输入信号有助于维持整个神经系统的稳定,避免不必要的兴奋或是能量浪费。

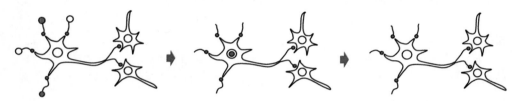

图 2.1.2　信号输入到神经元细胞体判断信号之和小于阈值时忽略

　　如图 2.1.3 所示,如果输入信号之和超过该神经元固有的边界值(也就是阈值),该神经元的细胞体就会做出反应,向与轴突连接的其他神经元细胞发送信号,这也称为点火。并且,无论神经元从周围的神经元接收到的信号之和多大,输出的信号大小都是固定的,在数学上,神经元是否有信号输出可以表示为 1 或 0。

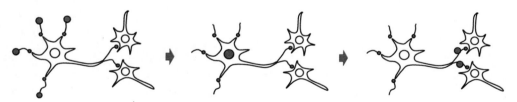

图 2.1.3　信号输入到神经元细胞体判断信号之和大于阈值时点火

2.1.2　人工神经元

　　类似于生物神经网络,人工神经网络也是由一个个的人工神经元为基本单元构成的,其中信息的处理主要由网络各个节点之间连接的权重决定。

　　我们来关注一个生物神经元的信号输入。图 2.1.4 中是一个从周围 4 个神经元接收信号的神经元,用数学语言来表示,这个神经元接收来自周围神经元的信号输入

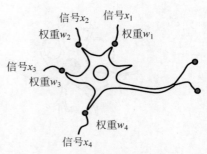

$\{x_1,x_2,x_3,x_4\}$,而这些信号并非简单地求和,而是被分配了不同的权重(Weight)$\{w_1,w_2,w_3,w_4\}$,则神经元的输入信号之和可以表示为

$$w_1x_1+w_2x_2+w_3x_3+w_4x_4 \qquad (2.1.1)$$

对于生物神经元来说,其输出只有"有输出"和"无输出"两种状态:当输入信号之和大于阈值 θ 时,有输出;当输入信号之和小于阈值 θ 时,无输出。这在数学上可以用一个式子

图 2.1.4　生物神经元的信号输入

表达:

$$y=\begin{cases}0, & w_1x_1+w_2x_2+w_3x_3+w_4x_4<\theta \\ 1, & w_1x_1+w_2x_2+w_3x_3+w_4x_4\geqslant\theta\end{cases} \qquad (2.1.2)$$

如果进一步用单位阶跃函数 $u(z)$ 来表示,则上述式子可以表示为

$$y=u(w_1x_1+w_2x_2+w_3x_3+w_4x_4-\theta) \qquad (2.1.3)$$

其中,

$$z=w_1x_1+w_2x_2+w_3x_3+w_4x_4-\theta \qquad (2.1.4)$$

称为该神经元的加权输入。这就是一个生物神经元的数学模型,而人工神经元则是参照生物神经元进一步设计得到的。

简单来说,人工神经元是模拟生物神经元的数学模型,同时也是一个多输入单输出的非线性元件,其模型结构如图 2.1.5 所示。假设该神经元为网络中的第 i 个神经元,记为 u_i。该神经元具有一组包括 R 个元素的输入,每个输入 x_j 被赋予相应的权重 $w_{i,j}$,求这些输入的加权和再加上偏置(Bias)b_i。此处的 b_i 实际上就是式(2.1.4)的 $-\theta$,符号改变,但本质一样;从直观上看,这个参数用来衡量该神

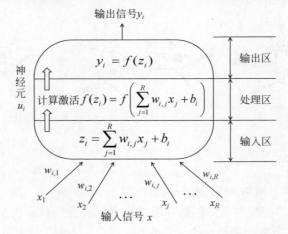

图 2.1.5　人工神经元数学模型

经元的感受能力是敏感还是迟钝。将得到的结果 z_i 输入函数 f,得到的输出 y_i 即为该神经元 u_i 的输出值,可以用式(2.1.5)表示:

$$y_i = f\left(\sum_j w_{i,j} x_j + b_i\right) \tag{2.1.5}$$

其中,函数 f 称为激活函数(Activation Function)。相比于生物神经元的单位阶跃函数,激活函数可以自行设计,这也是人工神经元与生物神经元的一个主要区别,表 2.1.1 对两者的特点进行了对比。

表 2.1.1 生物神经元和人工神经元对比

项　　目	生物神经元	人工神经元
输入值	$\sum w_j x_j - \theta$	$\sum w_j x_j + b$
输出值	0 或 1	模型允许范围内的任意数值
激活函数	单位阶跃函数	可以自行设计
输出的含义	是否点火	神经元的兴奋度、活跃度

神经网络在使用之前需要进行训练,训练的过程实际上就是不断修正和调整各个权重和偏置的过程。

2.1.3 激活函数

人工神经元的设计上加入了人为设计的激活函数,那么激活函数有什么用呢? 对于一个没有激活函数的神经元,每一层节点的输入都是上层输出的线性函数,那么无论神经网络具有几层,其输出都是输入的线性组合;如果引入非线性的激活函数,就可以使得神经网络任意逼近任何非线性函数,从而应用到各类非线性任务中。

常见的激活函数如图 2.1.6 所示,表 2.1.2 中给出了这些函数的数学公式和简介,在设计神经网络时可以根据网络的结构和任务特点来进行选择。

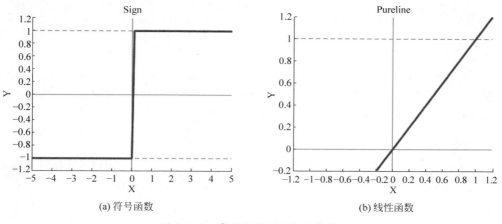

图 2.1.6 常见的传递函数示意图

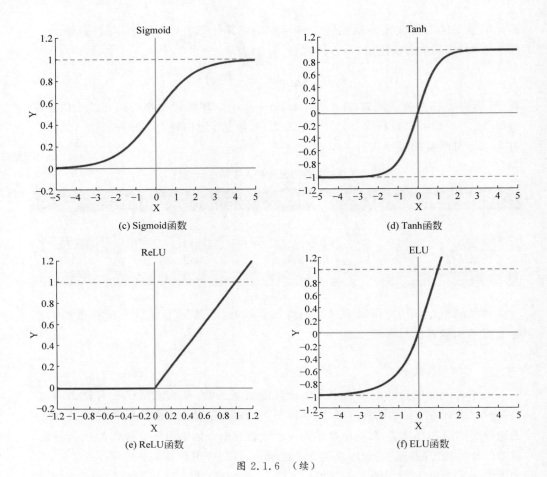

图 2.1.6 （续）

表 2.1.2 常见激活函数的数学公式

激活函数	数学表达式	说明
符号函数	$\text{sign}(x)=\begin{cases}1, & x>0 \\ -1, & x\leqslant 0\end{cases}$	采用符号函数的作为激活函数实际上是一种最简单的感知机模型,可以实现二分类的线性模型
线性函数	$\text{pureline}(x)=kx+c$	采用线性函数的作为激活函数的网络输出是线性方程,本质上是在用复杂的线性组合来试图逼近曲线,逼近能力有限
Sigmoid 函数	$\text{sigmoid}(x)=\dfrac{1}{1+\mathrm{e}^{-ax}}$	Sigmoid 函数能够把输入的连续实值变换为 $0\sim1$ 的输出
Tanh 函数	$\tanh(x)=\dfrac{\mathrm{e}^x-\mathrm{e}^{-x}}{\mathrm{e}^x+\mathrm{e}^{-x}}$	Tanh 函数解决了 Sigmoid 函数中输出均值不为 0 的问题,但计算量较大
ReLU 函数	$\text{ReLU}(x)=\max(0,x)$	ReLU 函数其实就是一个取最大值函数,构造虽然简单,却是深度学习中的一个重要成果。计算和收敛速度远快于 Sigmoid 函数和 Tanh 函数

从表 2.1.2 中可以看出,不同的激活函数有着不同的优缺点,对于不同的神经网络,应当选择合适的激活函数。对于一般的深度学习应用而言,ReLU 和其改进版本函数是目前应用最为广泛的激活函数,在当前很多任务中也表现出良好的性能。

2.2 神经网络的结构及工作原理

人工神经网络(Artificial Neural Network,ANN)也常被简称为神经网络(Neural Network,NN),是一种模仿生物大脑神经结构进行信息处理的运算模型。一个完整的生物大脑是由海量的神经元和神经元之间复杂的联系机制组成的网络系统,而人工神经网络只是对生物大脑神经网络结构的抽象、简化和模拟,仅从一定程度上反映了大脑的基本特征,并不能够完全还原大脑的功能。

本节重点讲解:
- 神经网络的结构组成;
- 神经网络的工作原理;
- 关于神经网络的一些常见概念。

2.2.1 神经网络的结构组成

一个多层神经网络如图 2.2.1 所示。

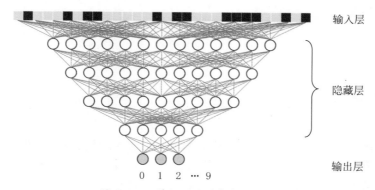

图 2.2.1 神经网络的各个层示例

组成网络的各个网络层可以被分为输入层(Input Layer)、隐藏层(Hidden Layer)、输出层(Output Layer)。其中,输入层和输出层一般只有一层,隐藏层也被称为中间层,可以有多层。各个层分别执行特定的信号处理工作。

输入层读取输入到神经网络的信息。该层中都是简单的神经元,将数据原样输出到后续层中,维度与输入数据维度一致。

隐藏层中每个神经元按照 2.1 节的介绍,将输入进行加权求和并经过激活函数处理后得到输出。隐藏层是神经网络实际处理信息的部分,可以有很多层,形成深度神经网络。性能强大的神经网络往往具有多隐藏层、多神经元的特点。

　　输出层对接最后的隐藏层和输出接口,用于输出神经网络的计算结果。

2.2.2　神经网络的工作原理

　　可以通过一个简单例子来理解神经网络的工作,如图 2.2.2 所示,使用神经网络来分类图像中的 0 或 1。在一个神经网络中,最为重要的是隐藏层,它肩负着特征提取(Feature Extraction)的重要职责。图 2.2.2 中的隐藏层拥有 3 个神经元,每个神经元都与上一层中所有神经元相连,这样的层被称为全连接层(Fully Connected Layer)。

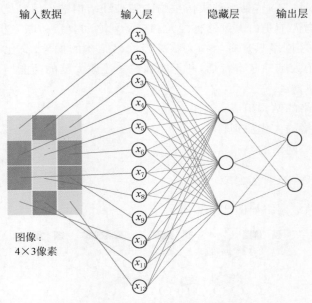

图 2.2.2　神经网络分类图像中的 0 或 1

　　如图 2.2.3 所示,每一条线代表神经网络中神经元之间存在一个连接,连接的强弱即为权重,粗的线表示连接较强、权重较大,更容易使得神经元处于激活状态。对于代表数字 1 的图像,经过神经网络处理后,使得输出层下方的神经元被激活,即代表识别出来的图像为数字 1。神经网络的训练过程就是试图寻找最合适的权重的过程。此外,在识别过程中,有可能会使得本不该激活的神经元被激活,为了避免这种情况,也通过调节神经元响应输入信号的敏感度来抑制信号输出,使得整体信号更加清晰。这个敏感度,在神经网络中就是神经元的偏置。通过权重和偏置的共同作用,使得图像识别成为可能。

　　通过学习,神经网络可以自动为其中的神经元找到对于当前数据最适合的权重和偏置,而学习的过程就是训练。扩展网络中网络的层数和神经元的个数,可以使得网络具备更加强大的学习能力,以对应更加复杂的模式识别问题。

　　人工神经网络与普通数字计算机相比,有着非线性、非局限性、非常定性以及非凸性等特点,比传统方法更适合处理模式识别等机器学习问题。举例来说,现在

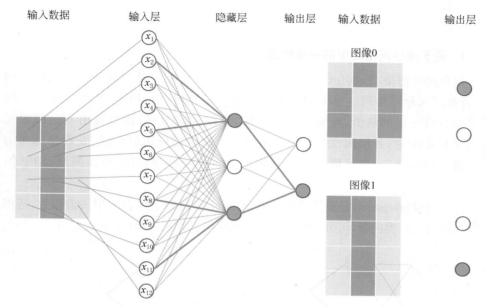

图 2.2.3　神经网络工作示意图

希望让计算机判断一组 8×8 像素的手写数字图像是否为 0。数字 0 的标准图像在计算机中可能如图 2.2.4(a)所示,但是实际的手写数字可能类似于图 2.2.4(b)。对于人类来说,很容易就能判断出其是不是 0;但对于传统的基于数学表达式的方法,要进行此类判断则十分困难。神经网络以及由此发展而来的深度神经网络,为处理类似的模式识别问题,乃至机器学习问题,提供了简单的解决方法,并达到了不亚于人类的准确率。

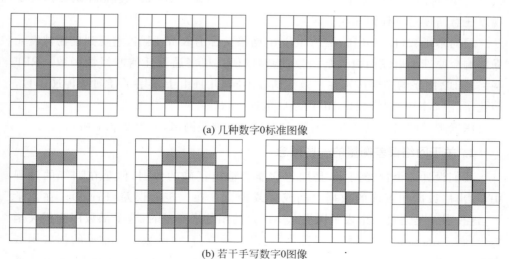

图 2.2.4　数字 0 的 8×8 像素图像

2.2.3　一些常见的概念

1. 关于神经网络类型的一些概念

前馈神经网络（Feedforward Neural Network，FNN）是一种最简单的神经网络，各神经元分层排列。每个神经元只与前一层的神经元相连（见图 2.2.5）。网络层接收前一层的输出，并输出给下一层，数据正向流动，输出仅由当前的输入和网络权重决定，各层间没有反馈。前馈神经网络是应用最广泛、发展最迅速的人工神经网络之一，常见网络包括感知机、线性神经网络、BP 神经网络、RBF 网络等。

感知机（Perceptron）是最简单的神经网络，输出层激活函数采用阈值函数，适用于简单的模式分类问题，可分为单层感知机和多层感知机网络（见图 2.2.6）。

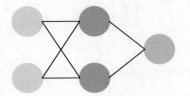
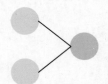

图 2.2.5　前馈神经网络示意图　　　　　图 2.2.6　感知机示意图

误差反向传播（Back Propagation）网络又称 BP 神经网络，是权重调整采用了反向传播学习算法的前馈网络，可以是三层或者更多层。在处理数据时，数据从输入层经隐藏层逐层向后传播；而在训练网络时，从输出层开始逐层向前修正网络权重。BP 神经网络的传递函数一般采用非线性可微函数（如 Sigmoid 函数），可实现以任意精度逼近任何非线性函数。

径向基函数（Radial Basis Function）网络又称为 RBF 网络，它受到生物神经元局部响应原理的启发而引入基函数，能够以任意精度逼近任何非线性函数。RBF 网络与 BP 网络的主要区别在于激活函数不同，并且由于采用了径向基传递函数，简化了计算，RBF 网络相比 BP 网络收敛速度快。

深度神经网络可以理解为有很多隐藏层的神经网络，如图 2.2.7 所示。

2. 关于网络误差衡量的一些概念

我们设计一个神经网络，是期望它能够输出正确的数据，但是在训练的过程中，输出的数据和正确的数据之间或多或少会存在一定的误差（Error）。在数学上，这种误差是通过一个表示网络总体误差的函数来衡量的，这个函数即为损失函数（Loss Function），也可称为代价函数、误差函数、目标函数等。常见的损失函数有平方损失（Square Loss）函数、log 对数损失函数、指数损失函数以及交叉熵（Cross-entropy）损失函数等。

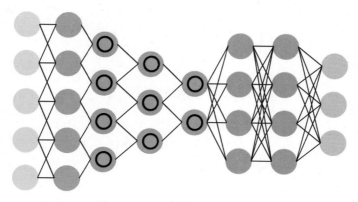

图 2.2.7 深度神经网络示意图

损失函数的输出值一般为一个非负的实数(也可以称为 loss 值),网络的误差越大,这个损失函数的输出值就越大。网络训练的过程,就是需要不断减小损失函数的输出值的过程。对于不同的数据处理任务,应当选择适合该任务的损失函数。

通常来说,训练过程中损失函数的值越小,网络输出越接近正确值,但这只是对于训练数据集而言。如果网络输出对于训练数据误差很小,而对于未知数据误差较大,那么网络训练很可能出现了过拟合(Overfitting)。为了使得网络能够对未知数据也有接近的预测误差,也就是说,具有足够强的泛化能力,研究者们采用了正则化(Regularization)的方法来减小泛化误差(而非训练误差)。常见的正则化方法有神经元的随机失活(Dropout)以及数据集扩充等。

需要注意的是,在使用正则化减小泛化误差的同时,有时可能会增加训练误差,在训练过程中,可以通过周期性的观察网络在评估(Evaluation)集上的表现来判断是否发生过拟合,以及过拟合的程度。

3. 关于训练网络参数的一些概念

神经网络由多个网络层和网络层中的神经元组成,神经元参数的变化会引起输出的变化。训练网络的过程,可以看作是一个调整这些参数以使得模型输出越来越接近正确值的过程。这在数学上称为最优化(Optimization),而在神经网络中称为学习(Learning)。这种最优化是通过损失函数最小化来实现的,其基本思想是找到使得损失函数达到最小的最优网络参数。

为了能让网络参数能够又快又好地接近最优,即让网络训练快速收敛,各种形式的学习方法被用来实现参数的最优化,例如,批量梯度下降(Batch Gradient Descent,BGD)、随机梯度下降(Stochastic Gradient Descent,SGD)、小批量随机梯度下降(Mini-batch Stochastic Gradient Descent,MGD)等。

一般情况下,在确定神经网络的结构之后,就要对其进行训练(Training)。网络的训练是通过改变网络中连接的权重来实现的，也就是说，神经网络的训练过程也就是重新确定这些权重的过程，目的是使得网络学习到有用的知识。

| 扩展阅读 |

人工神经网络发展简史

从神经网络的研究历史来看，可以追溯到 18 世纪末 Santiago R. Cajal 对于神经细胞微观结构的观察，他提出神经细胞是整个神经活动最基本的单位，并创立了"神经元学说"。由于这项开创性工作，Santiago 获得 1906 年的诺贝尔生理学或医学奖，并被许多人认为是现代神经科学之父。

最早的人工神经网络可以追溯到 Warren McCulloch 等人 1943 年在论文 *A logical calculus of the ideas immanent in nervous activity*[1] 中提出的"M-P 神经元模型"。在该模型中，输出神经元计算输入神经元的加权重，然后经过一个阈值函数得到输出值。借鉴了已知生物神经元的工作原理，是第一个神经元的数学模型，也是人类历史上第一次对大脑工作原理进行描述的尝试。

随着神经科学和计算机科学的研究发展，对神经网络的研究目标逐渐从"类脑机器"变为"学习机器"。受到巴普洛夫条件反射实验的启发，1949 年 Donald O. Hebb 在论著 *The Organization of Behaviour: a neuropsychological theory*[2] 中对神经元之间连接强度的变化进行了分析，首次提出一种权重调整的方法，被称为 Hebb 学习规则。

1958 年，就职于 Cornell 航空实验室的 Frank Rosenblatt 在论文 *The perceptron: a probabilistic model for information storage and organization in the brain*[3] 中发表了一种称为感知机（Perceptron）的人工神经网络，可以算是一种最简单形式的前馈神经网络，其中使用了二元线性分类器作为激活函数。感知机是人工神经网络的第一个实际应用，标志着神经网络进入了新的发展阶段。

感知机成功的应用也引起了许多学者对神经网络的研究兴趣。1960 年，斯坦福大学的 Bernard Widrow 等人在论文 *Generalization and information storage in network of adaline'neurons'*[4] 提出了 Adaline（*Adaptive Linear Neuron*）和最小均方滤波器（Least Mean Square，LMS）。Adaline 网络和感知机的主要区别就是将

---

[1]　MCCULLOCH, Warren S.; PITTS, Walter. A logical calculus of the ideas immanent in nervous activity. *The bulletin of mathematical biophysics*, 1943, 5.4: 115-133.

[2]　OLDING, Hebb Donald. The Organization of Behaviour: a neuropsychological theory. 1949.

[3]　ROSENBLATT, Frank. The perceptron: a probabilistic model for information storage and organization in the brain. *Psychological review*, 1958, 65.6: 386.

[4]　WIDROW, Bernard. Generalization and information storage in network of adaline'neurons'. *Self-organizing systems*-1962, 1962, 435-462.

感知机的 Step 函数换为 Linear 线性函数。

此后一段时间,神经网络的研究开始步入瓶颈。1974 年,Paul Werbos 在哈佛大学攻读博士学位期间,在其博士论文 *Beyond Regression:New Tools for Prediction and Analysis in the Behavioral Sciences*[1] 中发明了影响深远的误差反向传播神经网络学习算法,但未引起重视。到了 1986 年,Geoffrey E. Hinton 等人再次在论文 *Learning representations by back-propagating errors*[2] 中提到 BP 算法,并引入了可微分非线性神经元和 Sigmoid 函数神经元,使得训练一个三层的神经网络成为可能,由此 BP 神经网络才开始受到重视。

早期的神经网络受到几方面因素的制约,其研究和发展曾一度陷入瓶颈。首先,从理论上看,没有一套行之有效的方法来训练深层网络,而浅层网络的学习能力十分有限,性能不如其他诸如核方法、决策树核概率图等方法。其次,从计算能力来看,训练神经网络需要进行大量的计算,而早年的计算机没有强大的诸如 GPU 和云计算等计算资源。再次,当时使用的数据集也相对小很多,费雪在 1936 年发布的 Iris 数据集仅有 150 个样本,而具有 6 万个样本的 MNIST 数据集,尽管现在被认为是简单数据集,在当时却已经非常庞大。

经过很长一段时间的低迷期,神经网络的发展在近十年迎来爆发,这主要是得益于深度神经网络的研究和应用。回顾深度神经网络的发展历史,有 3 个重要的里程碑事件,分别发生在 2006 年、2012 年和 2016 年。在 2006 年以前,神经网络主要还是两或三层的简单网络,更深网络层的训练尝试往往以失败告终。而在 2006 年,同样是 Geoffrey E. Hinton 等人,在论文 *A fast learning algorithm for deep belief nets*[3] 中提出了深度学习的概念,通过使用无监督逐层预训练的方式,成功地对深度网络进行了训练,首次为深度学习提供了理论和方法上的支撑。但是,由于深度网络的训练要消耗大量的计算资源,在当时的计算能力下往往训练时间太长,使其一直未被大多数研究者重视。直到 2012 年,Hinton 的学生 Alex Krizhevsky 利用图形处理单元(Graphic Processing Unit,GPU)训练得到的 AlexNet,在 2012 年的 ImageNet ILSVRC 竞赛中夺冠,Top-5 错误率为 16.4%,远超第二名的 26%,在当时的图像处理领域产生了剧烈反响,也由此开始引燃了新一轮的基于深度学习的人工智能研究和应用热潮。到了 2016 年,AlphaGo 战胜人类顶尖围棋选手,成为人工智能突破性进展的标志性事件,也让人们意识到基于

① WERBOS, Paul. Beyond Regression:New Tools for Prediction and Analysis in the Behavioral Sciences. *Ph. D. dissertation*, *Harvard University*, 1974.

② RUMELHART, David E., et al. Learning representations by back-propagating errors. *Cognitive modeling*, 1988, 5(3):1.

③ HINTON, Geoffrey E.; OSINDERO, Simon; TEH, Yee-Whye. A fast learning algorithm for deep belief nets. *Neural computation*, 2006, 18.7:1527-1554.

深度神经网络的人工智能的巨大潜力。

相比于传统方法，深度神经网络在数据处理领域有着独特的优势，可以以图像处理为例来理解这种优势。传统的图像处理流程在目标识别算法之前，往往需要通过各类方法进行图像预处理，具体方法包括图像变换、边缘提取等。对于边缘提取，熟悉图像处理的读者会知道有着 Sobel 算子、Laplacian 算子和 Canny 算子等常用的边缘提取算子。这些算子是由人为定义出来的特定算子，在不同的目标识别任务中效果不同，甚至在同一幅图像的不同位置，其效果也可能存在差异，因此算子和预处理方法的选择，就成了一件需要设计技巧的工作。而在深度神经网络中，不再需要人为设定这些预处理的环节，在大量数据训练之后，前面的网络层就可以完成相关的特征提取工作，并且网络能寻找到最适合这个识别任务的权重。比起人为设计处理过程，深度神经网络不但性能更好，而且由于不再需要人工设计复杂的预处理环节，使得其应用也更简单。也正是因为如此，深度学习技术受到学术界和工业界的广泛关注。

2.3 从数学角度来认识神经网络

2.1 节和 2.2 节从仿生的角度介绍了神经网络的结构及工作原理；本节换一个角度——从数学的视角来认识神经网络。

本节的重点内容如下：

- 梯度下降法的原理；
- 基于误差反向传播的参数更新流程。

2.3.1 本书中采用的符号及含义

本书采用的符号及含义如表 2.3.1 所示。由于在对神经网络的研究过程中涉及的符号较多，很容易混淆。请对照表 2.3.1 和图 2.3.1 仔细理解、记忆。

表 2.3.1　符号及含义

符　　号	含　　义
x_i	表示输入层(层 1)的第 i 个神经元的输入的变量。由于输入层的神经元的输入和输出为同一值，所以也是表示输出的变量。此外，这个变量名也作为神经元的名称使用
w_{ji}^l	从层 $l-1$ 的第 i 个神经元指向层 l 的第 j 个神经元的箭头的权重。请注意 i 和 j 的顺序。这是神经网络的参数
z_j^l	表示层 l 的第 j 个神经元的加权输入的变量
b_j^l	层 l 的第 j 个神经元的偏置。这是神经网络的参数
a_j^l	层 l 的第 j 个神经元的输出变量。此外，这个变量名也作为神经元的名称使用

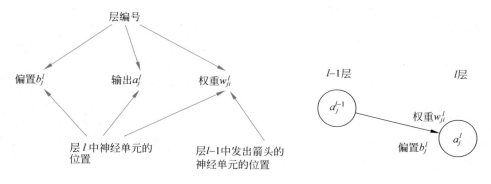

加权输入z_j^l对应的神经单元的输出为

$a_j^l = a(z_j^l)$($a(z)$为激活函数)

神经元与输出变量共用名称

图 2.3.1　符号及含义示意图

2.3.2　神经元的激活

在知道输入信号的情况下,通过权重和偏置,神经网络中的每个神经元的激活都可以被准确地计算出来。在这些神经元的激活以及神经元相互之间连接的权重和偏置的共同作用下,使得网络能够对输入信号做出正确响应。

我们关注如图 2.3.2 所示的人工神经网络的最后两层,输出层神经元的激活是由前一层神经元的输出以及该神经元的权重和偏置共同决定的,这对网络中的每一个神经元都是如此。对于一个神经网络来说,网络的输出就是输出层神经元的激活值所组成的集合。

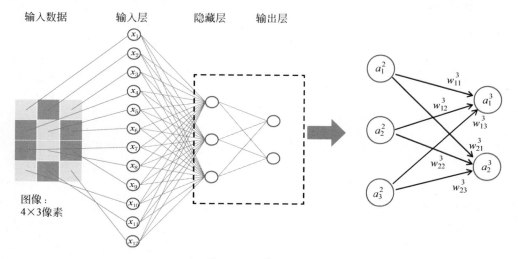

图 2.3.2　神经网络

在图 2.3.2 中，a 是神经元的激活值，w 是激活信号传递时候的权重，上标表示属于第几层，下标表示属于第几个神经元，f 为激活函数。

$$\begin{cases} a_1^3 = f(w_{11}^3 a_1^2 + w_{12}^3 a_2^2 + w_{13}^3 a_3^2 + b_1^3) \\ a_2^3 = f(w_{21}^3 a_1^2 + w_{22}^3 a_2^2 + w_{23}^3 a_3^2 + b_2^3) \end{cases} \tag{2.3.1}$$

根据这样的关系式，第 3 层的输出 a_1^3 和 a_2^3 由第 2 层的激活 a_1^2、a_2^2、a_3^2 决定，而第 2 层的激活又由第一层的激活决定，这就组成了一种联立递推关系式，这种递推关系式也比较便于计算机处理。可以看出，神经网络的激活 a_n 由上一层的输入 a_{n-1}、权重 w_n、偏置 b_n，以及激活函数 f 共同计算得到。

2.3.3　神经网络的学习

神经网络的参数可以用有监督学习和无监督学习来确定，这里介绍有监督学习。通过训练，神经网络学习到合适的参数，在数学上称为最优化，即找到合适的权重和偏置，使得预测值和标准答案之间误差总和达到最小，一般用损失函数来衡量这种误差。

如图 2.3.3 所示，在将训练样本输入神经网络后，网络会得到对应的预测值，这个预测值和标准答案往往存在一定误差，具体来说，可以用每个样本的预测值和标准答案之间差值的平方来衡量，将这些平方误差再相加，就可以作为损失函数，即最小二乘法。下面给出了损失函数的具体计算公式：

$$L = C_1 + C_2 + \cdots + C_k + \cdots \tag{2.3.2}$$

式中，L 为损失函数的值；C_k 为样本的平方误差，即(标准答案 k - 预测值 k)^2。损失函数给出了度量预测值和标准答案之间误差的量化方法，而最优化就是使得损失函数值(这里即误差总和)L 最小的过程。

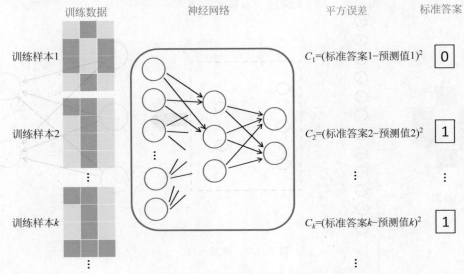

图 2.3.3　神经网络训练过程中每个样本的误差

2.3.4 寻找损失函数最小值——梯度下降法

神经网络通过学习来找到最合适的权重和偏置,优化目标是最小化损失函数的值。为了快速找到这个最小值点,最为经典的方法就是梯度下降法。

■ 经验分享

在对梯度下降法进行数学推导之前,我们先做一个形象的比喻:如果将训练网络的过程比喻成下山,那么"学习"的过程就相当于在连绵起伏的山脉中找到最低的那个低谷,而每一步梯度下降的方向就相当于在行走的过程中找最低点的方向指引,一步步地接近最低点。

下面将用数学语言简单介绍梯度下降法。假设现在有一个单变量函数 $y = L(x)$,如果现在 x 发生微小变化,那么 y 会发生怎样的变化呢?根据极限的定义,有

$$L'(x) = \lim_{\Delta x \to 0} \frac{L(x + \Delta x) - L(x)}{\Delta x} \tag{2.3.3}$$

由于 Δx 无穷小,则上面的式子可以近似为

$$L(x + \Delta x) \approx L(x) + L'(x)\Delta x \tag{2.3.4}$$

推广到两个变量的函数 $z = L(x, y)$,x 和 y 发生微小变化的情形:

$$L(x + \Delta x, y + \Delta y) \approx L(x, y) + \frac{\partial L(x, y)}{\partial x}\Delta x + \frac{\partial L(x, y)}{\partial y}\Delta y \tag{2.3.5}$$

定义 $\Delta z = L(x + \Delta x, y + \Delta y)$,则有

$$\Delta z \approx \frac{\partial z}{\partial x}\Delta x + \frac{\partial z}{\partial y}\Delta y \tag{2.3.6}$$

这个式子可以进一步分解为两个向量的内积:

$$\Delta z \approx \frac{\partial L(x, y)}{\partial x}\Delta x + \frac{\partial L(x, y)}{\partial y}\Delta y = \left(\frac{\partial L(x, y)}{\partial x}, \frac{\partial L(x, y)}{\partial y}\right) \cdot (\Delta x, \Delta y)$$

$$\tag{2.3.7}$$

当两个向量方向相反时,Δz 达到最小,即 $z = L(x, y)$ 能够减小得最快。这个关系式就是两个变量函数的梯度下降的基本形式:

$$(\Delta x, \Delta y) = -\eta\left(\frac{\partial L(x, y)}{\partial x}, \frac{\partial L(x, y)}{\partial y}\right) \tag{2.3.8}$$

式中,η 为微小正数,右边向量 $\left(\frac{\partial L(x, y)}{\partial x}, \frac{\partial L(x, y)}{\partial y}\right)$ 称为函数 $L(x, y)$ 在点 (x, y) 处的梯度(Gradient),给出了该点处的最陡坡度方向。推广到 n 个变量的情形:

$$(\Delta x_1, \Delta x_2, \cdots, \Delta x_n) = -\eta\left(\frac{\partial L}{\partial x_1}, \frac{\partial L}{\partial x_2}, \cdots, \frac{\partial L}{\partial x_n}\right) \tag{2.3.9}$$

更新梯度之后的变量为

$$(x_1 + \Delta x_1, x_2 + \Delta x_2, \cdots, x_n + \Delta x_n) \tag{2.3.10}$$

式(2.3.9)可以更简洁地表示为

$$\Delta x = -\eta \, \nabla L \tag{2.3.11}$$

这里的微小正数 η 在神经网络中就被称为学习率(Learning Rate)。目前没有准确的方法来确定学习率的大小,通常都通过反复试验或是经验值来进行设定。

■ 温馨提示

　　在二维滑动卷积运算过程中,卷积核在滑动过程中始终都在输入矩阵内部,所得到的特征矩阵的元素个数会比输入矩阵元素个数少,在程序中称这种滑动卷积方式为 valid; 如果采用零填充的方式,使特征矩阵元素的个数与输入矩阵元素个数相同,在程序中称这种滑动卷积方式为 same。

2.3.5　误差反向传播

　　梯度下降法能够快速寻找损失函数的最小值。但是,在神经网络中,损失函数相当于函数 L,权重和偏置相当于变量 x 和 y,而由于权重和偏置的总数十分庞大,使得想要求解这些方程变得十分困难,因此无法在神经网络中直接使用梯度下降法。

　　为了解决这个问题,误差反向传播方法被提出来,采用神经元误差的递推关系,来避免复杂的导数计算。误差反向传播其实是属于梯度下降的一种具体实现形式。

　　在介绍误差反向传播之前,先来回顾一下微积分中求导时候的链式求导法则(Chain Rule)。假设变量 z 为 u 和 v 的函数,而 u、v 分别为 x 和 y 的函数,则 z 也为 x 和 y 的函数。那么可以得到下面的两个式子:

$$\begin{cases} \dfrac{\partial z}{\partial x} = \dfrac{\partial z}{\partial u} \dfrac{\partial u}{\partial x} + \dfrac{\partial z}{\partial v} \dfrac{\partial v}{\partial x} \\ \dfrac{\partial z}{\partial y} = \dfrac{\partial z}{\partial u} \dfrac{\partial u}{\partial y} + \dfrac{\partial z}{\partial v} \dfrac{\partial v}{\partial y} \end{cases} \tag{2.3.12}$$

这就是多变量函数的链式求导法则,对于神经网络误差反向传递的计算至关重要。

　　以如图 2.3.4 所示的神经网络为例,来看如何将复杂的导数计算变换为递推关系。首先,定义一个神经元误差的变量 δ_j^n:

$$\delta_j^n = \frac{\partial C}{\partial z_j^n} \tag{2.3.13}$$

其中,C 是平方误差;z 是包含多个变量的函数(在本例中是神经元的加权输入);上标 n 代表第几层;下标 j 代表其中第几个神经元。如果 t 为标准答案;a 为激

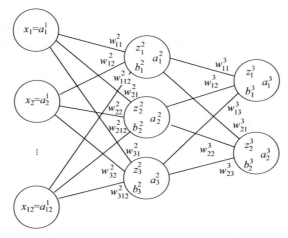

图 2.3.4　神经网络中各神经元的加权输入、权重、偏置和激活

活值，则输出的平方误差为

$$C = \frac{1}{2}\left[(t_1 - a_1^3)^2 + (t_2 - a_2^3)^2\right] \tag{2.3.14}$$

如果对 C 求 w_{11}^3 和 b_1^3 的偏导，那么可以得到下面的式子：

$$\frac{\partial C}{\partial w_{11}^3} = \frac{\partial C}{\partial z_1^3}\frac{\partial z_1^3}{\partial w_{11}^3} = \delta_1^3 \frac{\partial(w_{11}^3 a_1^2 + w_{12}^3 a_2^2 + w_{13}^3 a_3^2 + b_1^3)}{\partial w_{11}^3} = \delta_1^3 a_1^2 \tag{2.3.15}$$

$$\frac{\partial C}{\partial b_1^3} = \frac{\partial C}{\partial z_1^3}\frac{\partial z_1^3}{\partial b_1^3} = \delta_1^3 \frac{\partial(w_{11}^3 a_1^2 + w_{12}^3 a_2^2 + w_{13}^3 a_3^2 + b_1^3)}{\partial b_1^3} = \delta_1^3 \tag{2.3.16}$$

按照这样的计算方式，可以得到更为一般的公式：

$$\frac{\partial C}{\partial w_{ji}^n} = \delta_j^n a_i^{n-1} \tag{2.3.17}$$

$$\frac{\partial C}{\partial b_j^n} = \delta_j^n \tag{2.3.18}$$

在上面的式子中，如果知道 δ_j^n，则可以计算出式（2.3.17）和式（2.3.18）中的偏导数，在得到所有数据的所有偏导数之后，根据链式求导法则，就可以计算出损失函数 L 的梯度。那么，接下来的任务就是计算出这个 δ_j^n。

回到如图 2.3.4 所示的网络，激活函数为 $f(z)$，由式（2.3.14）可得

$$\delta_1^3 = (a_1^3 - t_1)f'(z_1^3) \tag{2.3.19}$$

$$\delta_2^3 = (a_2^3 - t_2)f'(z_2^3) \tag{2.3.20}$$

从另一个角度，根据链式求导法则：

$$\delta_j^3 = \frac{\partial C}{\partial z_j^3} = \frac{\partial C}{\partial a_j^3}\frac{\partial a_j^3}{\partial z_j^3} = \frac{\partial C}{\partial a_j^3}f'(z_j^3) \tag{2.3.21}$$

更一般地，对于以第 M 层作为输出层的网络，可以得到

$$\delta_j^M = \frac{\partial C}{\partial a_j^M} f'(z_j^M) \tag{2.3.22}$$

式(2.3.20)得到了第 3 层的各个神经元误差的变量,再看第 2 层的神经元:

$$\delta_1^2 = \frac{\partial C}{\partial z_1^2} = \frac{\partial C}{\partial z_1^3} \frac{\partial z_1^3}{\partial a_1^2} \frac{\partial a_1^2}{\partial z_1^2} + \frac{\partial C}{\partial z_2^3} \frac{\partial z_2^3}{\partial a_1^2} \frac{\partial a_1^2}{\partial z_1^2}$$

$$= \delta_1^3 w_{11}^3 f'(z_1^2) + \delta_2^3 w_{21}^3 f'(z_1^2)$$

$$= (\delta_1^3 w_{11}^3 + \delta_2^3 w_{21}^3) f'(z_1^2) \tag{2.3.23}$$

同样地,对于第 2 层中各个神经元,有

$$\delta_i^2 = (\delta_1^3 w_{1i}^3 + \delta_2^3 w_{2i}^3) f'(z_i^2) \tag{2.3.24}$$

这个关系式可以推广为层 n 与前一层 $n-1$ 的一般关系式:

$$\delta_i^{n-1} = (\delta_1^n w_{1i}^n + \delta_2^n w_{2i}^n + \cdots + \delta_m^n w_{mi}^n) f'(z_i^{n-1}) \tag{2.3.25}$$

式(2.3.25)就是误差反向传播方法的一般关系式。可以看到,输出层也就是第 3 层的 δ_1^3 和 δ_2^3 值可以通过式(2.3.19)和式(2.3.20)计算得到,回到式(2.3.24)中,由于权重值已知,只需要对激活函数求导,就可以得到第 2 层各个神经元误差的变量 δ_i^2。

此时,若激活函数为 Sigmoid 时,求导计算可以进一步将式(2.3.24)简化为

$$\delta_i^2 = (\delta_1^3 w_{1i}^3 + \delta_2^3 w_{2i}^3) f(z_i^2)[1 - f(z_i^2)] \tag{2.3.26}$$

这样就完全避免了进行复杂的偏导数计算,只需要算出输出层的神经元误差,其他神经元的误差就可以通过递推的方式计算出来,也就是将误差一层一层反向传播回去,进而对达到训练神经网络的目的。需要注意的是,误差反向传播是一种专门用于神经网络训练的方法,其背后的数学基础仍然是梯度下降。

2.3.6　基于误差反向传播的参数更新流程

上面给出了误差反向传播的数学推导,下面总结一下误差反向传播的基本流程:

(1) 学习数据准备。

(2) 权重和偏置初始化,学习率设置。设置各神经元的初始权重和偏置,通常使用随机数。

(3) 前向计算神经元的输出以及平方误差 C。

(4) 根据误差反向传播方法,计算各层的神经元误差 δ。

(5) 根据神经元误差计算平方误差 C 的偏导数。

(6) 计算损失函数 L 及其梯度 ∇L。

(7) 根据(6)算出的梯度更新权重和偏置。

(8) 重复(3)~(7)的计算,直到达到足够的迭代次数,或是损失函数 L 的值达到预设条件。

(9) 使用新的数据测试训练好的网络。

基于误差反向传播的神经网络参数更新流程如图 2.3.5 所示。

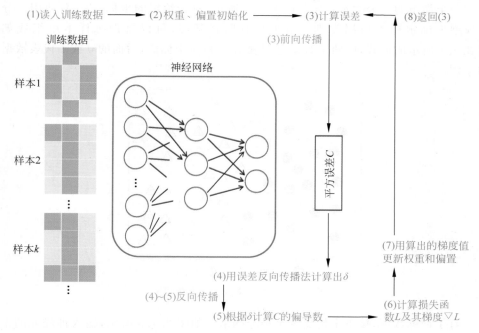

图 2.3.5 基于误差反向传播的参数更新流程图

2.4 如何基于神经网络进行分类

分类是用来确定数据所归属的类别的方法,其中包括二分类与多分类。神经网络的实质是为输入和输出建立一种映射关系,因此可以将神经网络用于解决分类问题。

本节重点介绍如下内容:

- 如何基于神经网络实现二分类;
- 如何基于神经网络实现多分类。

2.4.1 基于神经网络实现二分类

顾名思义,二分类问题就是将输入分为两类。二分类问题在我们生活中有着广泛的应用,比如判断一封邮件属于正常邮件还是垃圾邮件,一个登录账户背后是真人操作还是机器刷单等。

对于二分类问题,输出层其实只需要一个神经元,通过该神经元的输出值是否大于某个阈值来判断属于哪一类。如果采用 Sigmoid 函数作为输出层的激活函数,由于 Sigmoid 函数的输出为 0~1,则可以用中间值 0.5 作为阈值进行分类。

一个简单的二分类示意图如图 2.4.1 所示,对于给定的坐标(x,y),使用二分类模型来确定样本所属类别。由于是有监督学习,可以将训练样本组织成如图 2.4.2 所示的形式,前两个数字分别表示 x 和 y 坐标值,后面的 0 或 1 代表数据的类别。

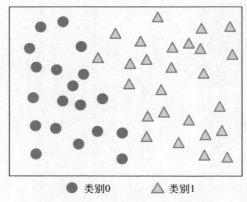

● 类别0　　△ 类别1

图 2.4.1　二分类数据点示例图

有了训练数据,接下来构建一个神经网络。如图 2.4.3 所示,输入神经元的个数等于输入参数的个数,本例包含两个输入参数,所以设置了两个输入神经元;用一个输出神经元的不同输出来分类;隐藏层神经元个数可以任意选择,这里以3 个为例。

{ 输入1, 输入2, 标准答案 }
{9, 6, 0}
{4, 7, 1}
...
{6, 4, 0}

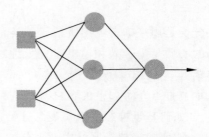

图 2.4.2　二分类监督学习的训练数据　　图 2.4.3　用于二分类的单隐藏层神经网络示例

在二分类问题中使用交叉熵函数(关于交叉熵,详见本节的扩展阅读)作为损失函数 L,使用 Sigmoid 函数作为隐藏层和输出层神经元的激活函数,其学习过程与标准的神经网络的学习过程一样。

(1) 用于二分类的神经网络输出层可以只有一个神经元,因此采用 Sigmoid 函数作为输出层的激活函数,通过阈值来判断属于哪个类。

(2) 权重和偏置初始化,学习率设置。

(3) 将训练数据{输入1, 输入2,标准答案}中的"输入1, 输入2"输入神经网络,并计算网络的预测输出。比较标准答案 D 与预测输出 Y,计算二者之间的误差 E。

（4）根据误差反向传播方法，计算各层的神经元误差 δ。

（5）根据神经元误差计算误差 E 的偏导数。

（6）计算损失函数 L 及其梯度 ∇L。

（7）根据（6）算出的梯度更新权重和偏置。

（8）直到达到足够的迭代次数，或是损失函数 L 的值达到预设条件。

2.4.2　基于神经网络实现多分类

如果要将数据分成 3 类或者更多类，就属于多分类问题。类似于二分类问题，也可以用数据点的示例（见图 2.4.4）来帮助直观地理解多分类问题。

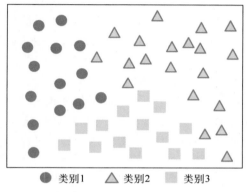

图 2.4.4　三分类数据点示例

首先建立一个神经网络，如图 2.4.5 所示，由于输入仍然是坐标值的两个参数 x 和 y，因此，输入层设置两个输入神经元。为简单起见，本例中不考虑隐藏层。现在需要确定输出神经元的个数，通常输出神经元个数与类别个数相匹配是最有效的方法，示例中有 3 类，这里就设置 3 个输出神经元。

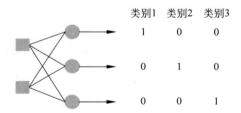

图 2.4.5　用于三分类的无隐藏层神经网络示例

作为有监督学习，训练数据的形式也是"坐标＋标准答案"的组合，如图 2.4.6 所示，前面 2 个参数是坐标值，后面的 3 个参数是对应类别的标准答案。这里，将类别转换为以 0 和 1 表示的向量。每个输出神经元都被映射成一个类别向量，而且只在类别相对应的神经元处生成 1，其余神经元处生成 0，这种表达方式称为 one-hot 编码（独热编码）或 1-of-N 编码。

{输入1, 输入2, 标准答案}	类别	标准答案
{7, 5, **0, 1, 0**}	2	{**0, 1, 0**}
{2, 7, **1, 0, 0**}	1	{**1, 0, 0**}
{3, 3, **0, 0, 1**}	3	{**0, 0, 1**}
...	...	...
{6, 4, **0, 0, 1**}	3	{**0, 0, 1**}

图 2.4.6　将类别转换为向量形式后的训练数据

　　上述部分都与二分类比较类似,而多分类和二分类的不同主要在输出层神经元的激活函数上。二分类中,输出只有一个神经元,采用 Sigmoid 激活函数就可以通过阈值来进行分类。在多分类中,输出层不只有一个神经元,每个神经元的输出还需要考虑其他神经元的结果,否则可能造成冲突。因此,一般使用 Softmax 函数作为输出神经元的激活函数。Softmax 函数不但考虑了本神经元的输入值,还考虑了其他输出神经元的输出值。例如,当 3 个输出神经元的输入值分别为 2、1 和 0.5 时,Softmax 函数按照下面的式子计算每个神经元的输出值:

$$Z = \begin{bmatrix} 2 \\ 1 \\ 0.5 \end{bmatrix} \rightarrow f(Z) = \begin{bmatrix} \dfrac{e^2}{e^2 + e^1 + e^{0.5}} \\ \dfrac{e^1}{e^2 + e^1 + e^{0.5}} \\ \dfrac{e^{0.5}}{e^2 + e^1 + e^{0.5}} \end{bmatrix} = \begin{bmatrix} 0.629 \\ 0.231 \\ 0.140 \end{bmatrix} \tag{2.4.1}$$

　　这样,找到数值最大的那个元素,其对应的类别就是神经网络的预测类别。通过 Softmax 函数,可以将单个输出值的范围限制为 0~1,并且使得所有输出值之和为 1。由于考虑了所有输出值的相对大小,Softmax 函数是多分类任务的合适选择。

　　对于每个输出神经元来说,Softmax 函数得到的输出值可以通过下式进行计算:

$$y_i = f(z_i) = \frac{e^{z_i}}{e^{z_1} + e^{z_2} + \cdots + e^{z_M}} = \frac{e^{z_i}}{\sum\limits_{k=1}^{M} e^{z_k}} \tag{2.4.2}$$

式中,z_i 是第 i 个输出神经元的输入(连接到该神经元的上一层神经元输出的加权和);M 是输出神经元的总数;f 是 Softmax 激活函数。根据上面的定义,Softmax 函数具有如下性质:

$$f(z_1) + f(z_2) + \cdots + f(z_M) = 1 \tag{2.4.3}$$

　　多分类任务的学习过程与二分类几乎一样,也可以使用交叉熵函数作为损失函数,除了输出层使用更多神经元,主要的不同之处在于输出层的激活函数,二分类为 Sigmoid 函数,而多分类采用 Softmax 函数。

■ 经验分享

在采用神经网络处理分类问题时,输出神经元的数量一般和所分类别数量保持一致,而隐藏层神经元个数不受类别数影响。我们常将分类问题划分为二分类和多分类,从网络设计上看,区别主要在于输出层的激活函数不同:对于二分类问题,可以使用普通的 Sigmoid 函数作为输出层的激活函数;而对于多分类问题来说,一般使用 Softmax 函数作为输出层的激活函数。

扩展阅读

交 叉 熵

交叉熵(Cross Entropy)是信息论中的一个概念,主要用于度量两个概率分布间的差异性。例如,给定两个概率分布 p 和 q,其中 p 是真实概率,q 是作为观察者的主观概率(神经网络中则是预测概率),则 q 和 p 的交叉熵可以表示为

$$H(p,q) = -\sum_x p(x)\log q(x)$$

这个函数反映出概率分布 p 和 q 之间的距离。在神经网络中,通常 p 代表正确答案的分布,q 代表预测值的分布,二者的交叉熵越小,两个概率的分布越接近。

根据交叉熵,观察者可以调整自己输出的主观概率 q,在神经网络中就是学习到新参数,获得新预测结果。通过网络学习,当主观概率 q 与实际概率 p 相同时,交叉熵达到最小值。此时的交叉熵的值就是 $H(p)$,也就是信息熵:

$$H(p) = -\sum_x p(x)\log p(x)$$

可以算出实际概率分布 p 的编码极限,即某个事件发生所需要的平均比特数。

神经网络的输出层如果采用 Softmax 作为激活函数,则输出变成了一个概率分布,从而可以用交叉熵来计算预测结果的概率分布和正确答案的概率分布之间的距离。对于分类问题,交叉熵函数呈现出单调性(MSE 函数在分类问题中不具备这种性质),并且在计算的时候误差越大,梯度越大,权重更新越快,有利于梯度下降反向传播。因此,一般神经网络处理分类问题时,常用交叉熵函数作为损失函数。

2.5 思考与练习

1. 如何从数学模型的角度来表示人工神经元?
2. 在人工神经元的设计过程中,为何要加入"激活函数"?
3. 请绘制 Sigmoid 激活函数、ReLU 激活函数的图像。

4. 请简述人工神经网络的工作原理。

5. 请解释下列与人工神经网络相关的术语：前馈神经网络；误差反向传播网络。

6. 在训练人工神经网络的过程中，"损失函数"的作用是什么？

7. 如何理解人工神经网络的"学习"？ 如何理解"学习率"？

8. "梯度下降法"是常用的寻找损失函数最小值的方法，请简述其原理。

9. 请绘制误差反向传播算法的流程图。

10. 请简述如何采用神经网络进行多分类问题。

探索"卷积神经网络"

3.1 深入浅出话"卷积"

本章主要介绍卷积神经网络(Convolutional Neural Networks,CNN)。在此之前,需要先对"二维卷积"(以下简称"卷积")进行深入的了解,它是研究卷积神经网络的前提和基础。

本节主要讲解的问题如下:

- 卷积是如何实现的;
- 为什么要进行卷积运算。

3.1.1 卷积的运算过程

从系统工程的角度看,卷积是为研究系统对输入信号的响应而提出的,卷积有很多种,本节着重介绍二维滑动卷积。

滑动卷积涉及 3 个矩阵:第一个矩阵通常尺寸较大且固定不动,本书称之为"输入矩阵"(或"待处理矩阵");第二个矩阵尺寸较小,在输入矩阵上从左到右、从上到下进行滑动,本书称之为"卷积核";卷积核在输入矩阵上面滑动的过程中,将对应的两个小矩阵的相应元素相乘并求和,结果依次作为第三个矩阵元素,本书称该矩阵为"特征矩阵"。上述 3 个矩阵及卷积运算符如图 3.1.1 所示。

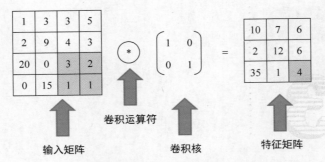

图 3.1.1　输入矩阵、卷积核、特征矩阵及卷积运算符

下面详细介绍滑动卷积的运算过程。

将图 3.1.1 中所示的两个矩阵进行卷积运算。

第 1 步（见图 3.1.2）：

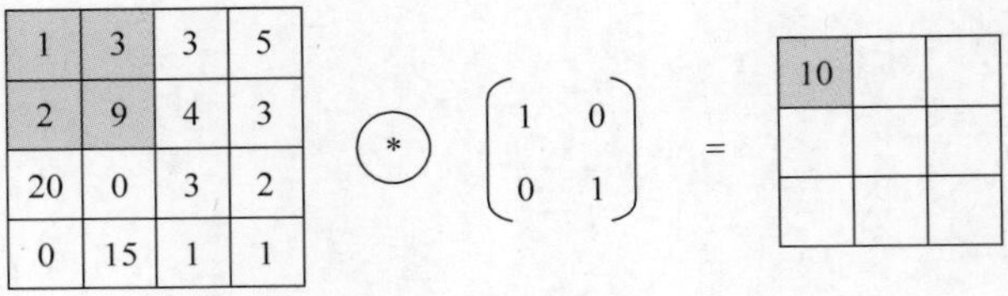

图 3.1.2　滑动卷积运算第 1 步

计算过程如下：
$$(1 \times 1) + (3 \times 0) + (2 \times 0) + (9 \times 1) = 10$$

第 2 步（见图 3.1.3）：

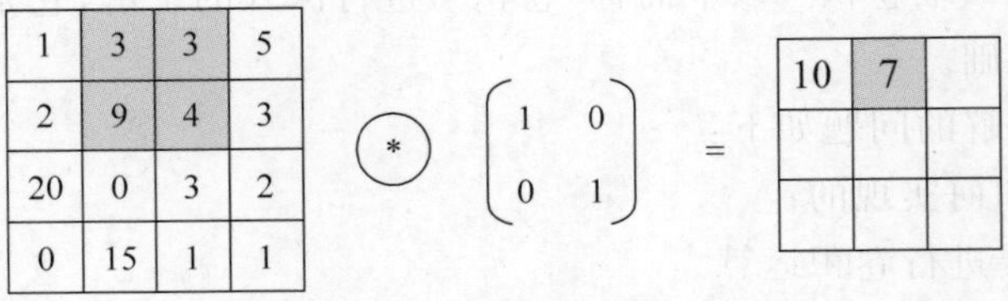

图 3.1.3　滑动卷积运算第 2 步

第 3 步（见图 3.1.4）：

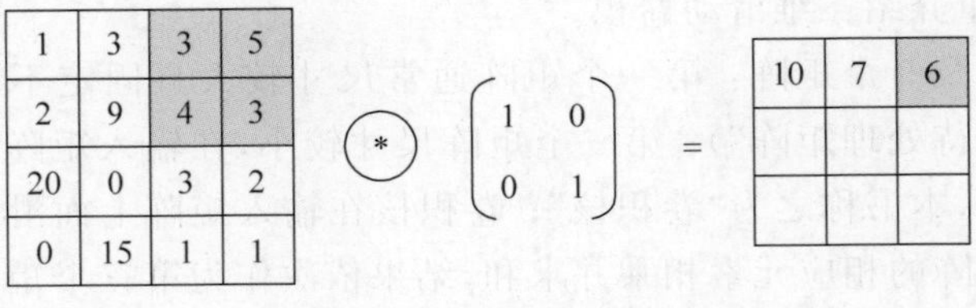

图 3.1.4　滑动卷积运算第 3 步

完成第一行的运算之后,上述运算过程就从下一行开始从左到右继续进行,如图 3.1.5 所示。

第 4 步(见图 3.1.5):

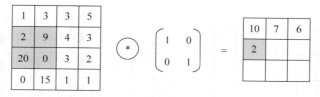

图 3.1.5 滑动卷积运算第 4 步

重复相同的步骤,直到全部完成(见图 3.1.6)。

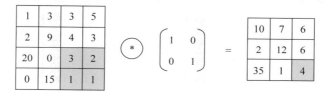

图 3.1.6 滑动卷积运算最后一步

在上述卷积运算的过程中,每次都是滑动 1 个像素。当然,也可以每次滑动 2 个或多个像素。每次滑动的像素个数称为步长(stride)。

请读者仔细观察如图 3.1.6 所示的输入矩阵与特征矩阵的元素的个数,不难发现,特征矩阵元素的个数少于输入矩阵的元素个数(请读者思考其中的原因)。如果需要得到与输入矩阵元素个数相等的特征矩阵该如何处理呢?方法很简单,需要对输入矩阵的边缘添加 0 元素,这个过程称为零填充(zero padding)。通过零填充,实现滑动卷积的过程如图 3.1.7 所示。

■ 温馨提示

在二维滑动卷积运算过程中,卷积核在滑动过程中始终都在输入矩阵内部,所得到的特征矩阵的元素个数会比输入矩阵的元素个数少,在程序中称这种滑动卷积方式为 valid; 如果采用零填充的方式,使特征矩阵元素的个数与输入矩阵元素个数相同,在程序中称这种滑动卷积方式为 same。

3.1.2 卷积核对输出结果的影响

如图 3.1.8 所示,特征矩阵的(3,1)元素的值最大。那么,为什么该元素的值最大呢?通过观察输入矩阵和卷积核元素的特征可知:(3,1)元素所对应的子矩阵与卷积核在形态上类似,二者都是对角矩阵,而且相同位置上的数值都较大。由此可见,子矩阵与卷积核在形态上类似时,卷积运算就会生成一个较大的值。

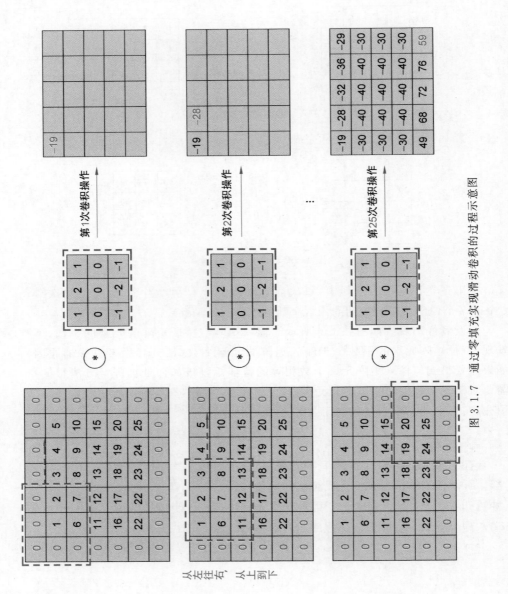

图 3.1.7 通过零填充实现滑动卷积的过程示意图

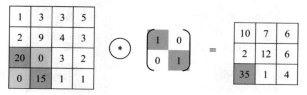

图 3.1.8 特征矩阵中(3,1)元素的计算过程

如图 3.1.9 所示,输入矩阵中(3,1)元素的值为 20,在输入矩阵中的值是最大的,但通过卷积运算后结果为 2,原因是子矩阵与卷积核的形态差异很大。

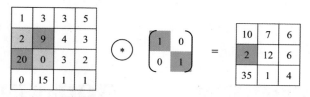

图 3.1.9 特征矩阵中(2,1)元素的计算过程

如果要使特征矩阵中(2,1)元素的值变大,可以将卷积核更换为和对应的子矩阵与卷积核在形态上类似的,如图 3.1.10 所示。

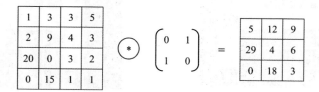

图 3.1.10 更换卷积核后特征矩阵中(2,1)元素的计算过程

■ 一语中的

由上面的分析可知,对二维数字图像进行卷积运算,可以判断图像的像素与卷积核的相似程度,相似程度越高,得到的响应值越大,因此可以通过滑动卷积运算来提取图像的特征。

3.1.3 卷积运算在图像特征提取中的应用

当给定一个"A"的图像,计算机怎么识别这个图像就是"A"呢?一个可能的办法就是计算机存储一张标准的"A"图像,然后把需要识别的未知图像跟标准图像进行比对,如果二者一致,则判定未知图像即是一个"A"图像。对于计算机来说,只要图像稍稍有一点变化,便会造成识别的困难,如图 3.1.11 所示。

这是因为在计算机的"眼"中,一幅图像看起来就像是一个二维的像素数组(如同棋盘或马赛克),每一个位置对应一个数字。在这个例子当中,像素值 1 代表白

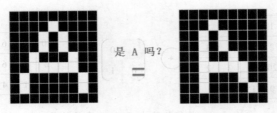

图 3.1.11　图像变化造成的识别困难

色,像素值-1 代表黑色,如图 3.1.12 所示。

■ 温馨提示

　　本段中所涉及的数字图像处理的相关知识,请读者参阅本节后面的扩展阅读——数字图像处理的基础知识。

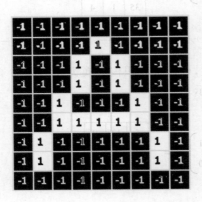 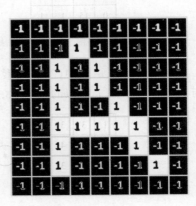

图 3.1.12　计算机中数字图像的存储形式

　　对于这个例子,计算机认为上述两幅图中的白色像素除了中间的 6 个小方格里面是相同的,其他 4 个角上都不同。因此,计算机判别右边那幅图不是"A",两幅图不同(见图 3.1.13),这显然不合理。

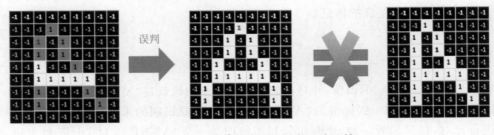

图 3.1.13　计算机出现了不合理的误判

　　针对上述问题,可以通过二维卷积运算来提取图像的特征,从而提高识别的准确率。具体思路如下:可以提取一些局部特征,通过这些特征来进行匹配,从而实现识别(见图 3.1.14)。

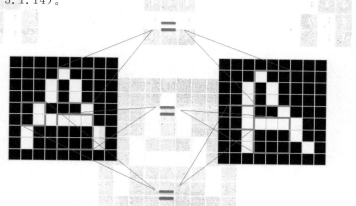

图 3.1.14 通过提取局部特征来进行匹配识别

因此,可以来设计一些具有某种特征的卷积核,通过图像与卷积核进行卷积运算,来提取特征。

再回到上面这个例子,可以设计如图 3.1.15 所示的卷积核,来提取输入图像的相应特征,如图 3.1.16~图 3.1.18 所示。

-1	-1	1
-1	1	-1
-1	1	-1

a

-1	-1	-1
1	1	1
-1	-1	-1

b

1	-1	-1
-1	1	-1
-1	1	-1

c

图 3.1.15 卷积核

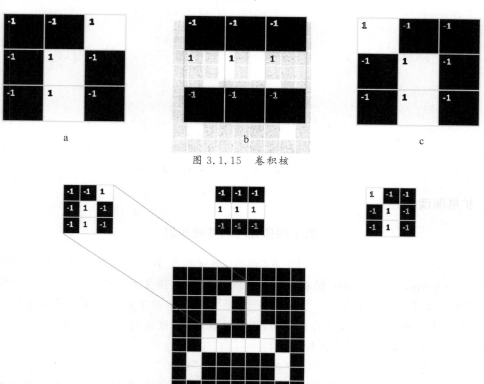

图 3.1.16 通过卷积核 a 提取"A"的左上边缘特征

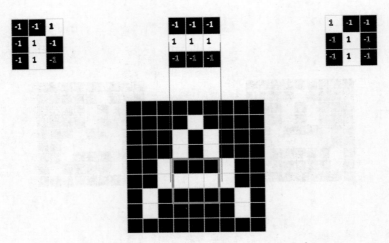

图 3.1.17　通过卷积核 b 提取"A"的中心线特征

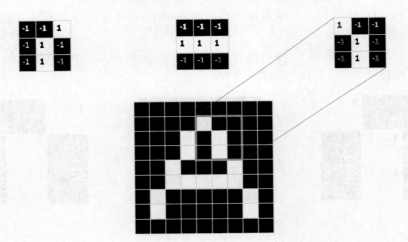

图 3.1.18　通过卷积核 c 提取"A"的右上边缘特征

| 扩展阅读 |

数字图像处理的基础知识

　　数字图像是由一个一个的"小点"组成，把这样的小点称为"像素"。"像素"的英文为 pixel，它是 picture 和 element 的合成词，表示图像元素的意思。可以对"像素"进行如下理解：像素是一个面积概念，是构成数字图像的最小单位。像素的大小与图像的分辨率有关，分辨率越高，像素就越小，图像就越清晰。图 3.1.19 所示的是不同像素图像之间的比较。

　　在数字图像中，每个像素点亮度的大小称为"灰度"。

　　了解了"像素"和"灰度"的概念之后，一幅二维的像素为 $M \times N$ 的数字图像可以表示为一个 $M \times N$ 矩阵，矩阵中每个元素的值为其所对应的像素的灰度。

(a) 像素为320×240的图像　　　　　(b) 像素为80×60的图像

图 3.1.19　像素不同的图像比较

下面介绍几种常见的数字图像类型。

- 黑白图像：图像的每个像素只能是黑或白，没有中间的过渡，故又称为二值图像。二值图像的像素值为 0、1。黑白图像及其矩阵表示如图 3.1.20 所示。
- 灰度图像：灰度图像是指每个像素的信息由一个量化的灰度级来描述的图像，没有彩色信息。灰度图像及其矩阵表示如图 3.1.21 所示。

图 3.1.20　黑白图像及其矩阵表示　　　　图 3.1.21　灰度图像及其矩阵表示

- 彩色图像：彩色图像是指每个像素的信息由 RGB 三原色构成的图像，其中 RGB 是由不同的灰度级来描述的。彩色图像及其矩阵表示如图 3.1.22 所示。

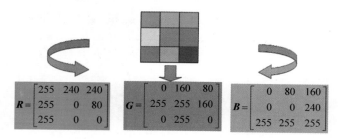

图 3.1.22　彩色图像及其矩阵表示

| 编程体验 1 |

读入一幅数字图像并显示

将本书配套资料中的图片 study.jpg 复制到 C:\我的文档\ MATLAB 文件夹下。（注：由于版本及安装路径不同，MATLAB 文件夹的路径也不相同，请读者按照自己计算机上安装 MATLAB 的实际情况进行操作,作者计算机中的路径为 C:\Users\zhao\Documents\MATLAB)。

在 MATLAB 的命令窗口输入如图 3.1.23 所示的命令。该程序实现了读入一幅 RGB 图像、查看图像的大小和维度、显示图像的功能。该程序的运行效果如图 3.1.24 所示。

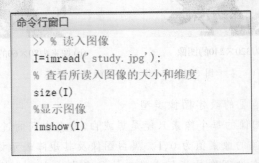

图 3.1.23　基于 MATLAB 实现读入图像并显示的指令

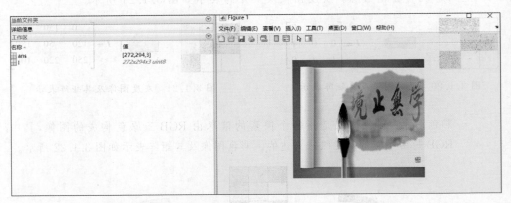

图 3.1.24　编程体验 1 的运行效果

| 编程体验 2 |

基于 MATLAB 实现二维图像的滑动卷积

在 MATLAB 的命令窗口输入如图 3.1.25 所示的命令。该程序构造了一个卷积核 L,对输入的图像 I 进行卷积运算,并生成特征矩阵 C。仔细观察卷积核 L,其中心元素的值和周围元素的值差别很大,因此用 L 对 I 进行卷积运算,图像 I 中的发生像素值突变的边缘被提取了出来,如图 3.1.26 所示。

```
Command Window
>> %读入图像
I = imread('coins.png');
%显示输入图像
imshow(I)
%构造卷积核
L= [ 0 1 0
      1 -4 1
      0 1 0];
%进行数据转换
I=double(I);
L=double(L);
%进行卷积运算(本例中调用MATLAB中的conv2函数)
C=conv2(I,L,'same');
%进行数据转换
C=uint8(C);
figure
%显示卷积后的图像
imshow(C)
```

图 3.1.25 基于 MATLAB 实现二维图像的滑动卷积指令

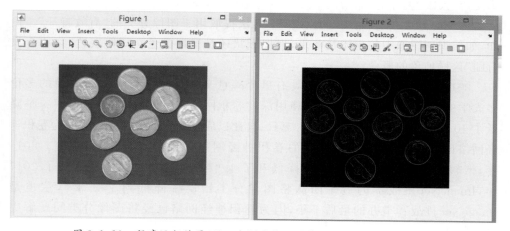

图 3.1.26 程序运行结果(注：左侧为输入图像，右侧为卷积后的结果)

3.2 解析"卷积神经网络"

3.1 节详细讲解了"卷积"的运算过程及其在图像特征提取方面的作用。在此基础之上，从 3.2 节开始将详细讲解本章的核心内容——"卷积神经网络"。

本节主要讲解的问题如下：

- 卷积神经网络是如何构成的？每一部分的功能是什么？
- 与传统的全连接深度神经网络相比，卷积神经网络有什么不同？
- 从仿生学的角度，如何理解卷积神经网络？

3.2.1   从 ImageNet 挑战赛说起

通过计算机的"眼睛"识人辨物是科研工作者追求的梦想,并一直为之努力。传统的方法是对输入的图像进行预处理,将其通过某种或某几种算法提取特征,再通过机器学习的算法进行分类。

ImageNet 挑战赛是由斯坦福大学计算机科学家李飞飞组织的年度机器学习竞赛(设立 ImageNet 挑战赛的目的详见本节的"扩展阅读")。在比赛中,参赛队伍会得到超过一百万张图像的训练数据集,每张图像都被手工标记一个标签,大约有1000 种类别。参赛队伍开发的图像分类程序对未包含在训练集内的其他图像进行分类,程序可以进行多次猜测,如果前 5 次猜测中有一次与人类选择的标签相匹配,则被判为成功。

在 2010 年首届 ImageNet 挑战赛上,冠军团队采用"特征提取＋支持向量机"的方法,分类错误率为 28.2％。2011 年,冠军参赛队伍对特征提取方法进行了优化和改进,将分类错误率降低到了 25.7％。如果将 ImageNet 挑战赛所用的数据集交给"人眼"去分类,那错误率又是多少呢? 答案是 5.1％。

传统的方法产生"瓶颈"的原因是:无法提取用于图像分类的"有效特征"。例如,如何识别图像中的物体是苹果,根据形状还是根据颜色? 如何表达"物体有没有腿"这样抽象的概念?

2012 年的 ImageNet 挑战赛具有里程碑意义。Alex Krizhevsky 和他的多伦多大学的同事在该项比赛中首次使用深度卷积网络,将图片分类的错误率一举降低了 10 个百分点,正确率达到 84.7％。自此以后,ImageNet 挑战赛变成为卷积神经网络比拼的舞台,各种改进型的卷积神经网络如雨后春笋,层出不穷。2015年,微软研究院的团队将错误率降低到了 4.9％,首次超过了人类。到了 2017年,ImageNet 挑战赛的冠军团队将图像分类错误率降低到了 2.3％,这也是ImageNet 挑战赛举办的最后一年,因为卷积神经网络已经将图像分类问题解决得很好了。

近年来,卷积神经网络之所以展现出良好的发展势头,是因为卷积神经网络可以自主地提取输入信息的"有效特征",并且进行层层递进抽象;卷积神经网络之所以能够提取输入信息的"有效特征",是因为其包括多个卷积层。图 3.2.1 展示了获得 2012 年 ImageNet 挑战赛冠军的 AlexNet,这个神经网络的主体部分由5 个卷积层和 3 个全连接层组成,该网络的第一层以图像为输入,通过卷积及其他特定形式的运算从图像中提取特征,接下来每一层以前一层提取出的特征作为输入并进行卷积及其他特定形式的运算,便可以得到更高级的特征。经过多层的变换之后,深度网络就可以将原始图像转换成高层次的抽象特征。

上述由低级到高级的抽象过程和人类的认知过程相似。举个例子来说,在汉语的学习和理解的过程中,通过笔画的组合,可以得到汉字;通过汉字的组合,可

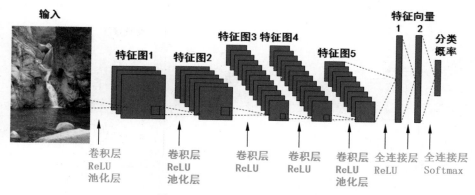

图 3.2.1　AlexNet 网络示意图

以得到词汇；通过词汇的分析，可以了解语义。从笔画到语义，实现了由低级到高级的抽象。这个特征提取与抽象的过程，可用如图 3.2.2 所示的过程来体现。

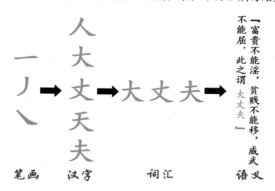

图 3.2.2　汉语言的抽象过程

　　然而，卷积神经网络并非是在 2012 年才被提出的。20 世纪 60 年代加拿大科学家 David Hubel 和瑞典科学家 Torsten Wiesel 提出了感受野（receptive field）的概念，当时科学家通过对猫的视觉皮层细胞研究发现，每一个视觉神经只会处理一小块区域的视觉图像，即感受野。到了 20 世纪 80 年代，日本科学家 Kunihiko Fukushima 提出神经认知机（neocognitron）的概念，神经认知机中包含两大类神经元——用来提取特征的 S-cells 和用来抗形变的 C-cells。S-cells 的功能与卷积层提取特征类似，C-cells 的功能与激活函数、池化层的功能类似。LeCun 等提出了 LeNet，用于手写字体识别。

3.2.2　卷积神经网络的结构

　　卷积神经网络是一类包含卷积计算且具有深度结构的前馈神经网络。典型的卷积神经网络结构如图 3.2.3 所示，可以分为卷积层、激活函数、池化层和全连接层。

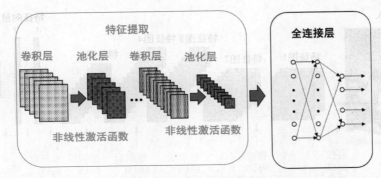

图 3.2.3   典型的卷积神经网络的结构

由于卷积神经网络中的全连接层与本书第 2 章讲解的深度网络的全连接层原理相同,故在本节中不再赘述。下面主要介绍卷积层、非线性激活函数、池化层的工作原理。

3.2.3   卷积层的工作原理

卷积层是通过卷积核对输入信息进行卷积运算(卷积运算的原理详见 3.1节),从而提取特征的。

一个卷积神经网络往往有多个卷积层,如图 3.2.1 所示的 AlexNet 就含有 5个卷积层。在基于卷积神经网络的数字图像识别过程中,第一个卷积层会直接接收图像像素级的输入,来提取其与卷积核相匹配的特征,并传递给下一层;接下来每一层都以前一层提取出的特征作为输入,与本层的卷积核进行卷积运算,提取更加抽象的特征。

同一个卷积层中可以有多个不同的卷积核,该卷积层的输入分别和这多个卷积核进行卷积运算,形成新的特征图。由此可见,特征图的个数与该卷积层卷积核的个数相关,该过程如图 3.2.4 所示。

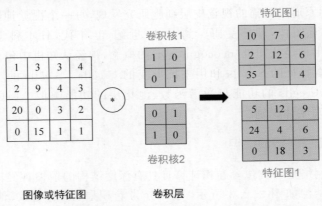

图 3.2.4   一个卷积层含有多个卷积核的计算示意图

在卷积神经网络工作的过程中,无论是输入还是中间过程产生的特征图,通常都不是单一的二维图,可能是多个二维图,每一张二维图称为一个通道(channel)。比如一幅 RGB 图像就是由 R 通道、G 通道、B 通道 3 个通道组成(见图 3.1.22)。对于多通道的输入,每个通道采用不同的卷积核做卷积,然后将对应特征矩阵的元素进行累加即可,其过程如图 3.2.5 所示。

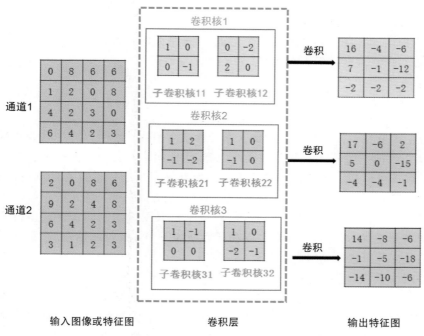

图 3.2.5　多通道多卷积核的计算过程示意图(注:卷积过程中步长为 1)

在如图 3.2.5 所示的多通道多卷积核的计算过程中,输入为两个通道,卷积层中有 3 个卷积核,每个卷积核又分为两个子卷积核,其中第一个子卷积核与通道 1 的输入进行卷积,第二个子卷积核与通道 2 的输入进行卷积,然后将两个卷积结果的对应元素进行相加。例如,在第一个输出特征矩阵中,(1,1)元素的计算过程如下:

$$[0×1+8×0+1×0+2×(-1)]+[2×0+0×(-2)+9×2+2×0]=16$$

在卷积神经网络中,卷积核中的元素是需要通过训练确定的,称之为参数。这里要讲解一个重要的概念——"参数共享"(parameter sharing)。所谓"参数共享",是对于一幅输入图像或特征图,在进行卷积的过程中,其每个位置都是用同一个卷积核去进行运算的,即每个位置和同一组参数进行相乘,然后相加。

对于卷积神经网络来说,"参数共享"有什么意义呢?通过以下这个例子来说明。如果输入一幅像素为 1000×1000 的灰度图像,其输入为 1 000 000 个点,在输入层之后如果是相同大小的一个全连接层,那么将产生 1 000 000×1 000 000 个连接,也就是说,这一层就有 1 000 000×1 000 000 个权重参数需要去训练;如果输入层之后连接是卷积层，该卷积层有 6 个卷积核，卷积核的尺寸为 5×5，那么总共有 (5×5＋1)×6＝156 个参数需要去训练(注：括号中的 1 代表同一个卷积核的偏置，将在 3.3 节中介绍如何训练卷积核的参数)。由此可见，与全连接层相比，卷积层需要训练的参数要减少很多，从而降低了网络的复杂度，提高了训练效率，避免了过多连接导致的过拟合现象。

■ 经验分享

卷积层的作用主要体现在两个方面：一是提取特征；二是减少需要训练的参数，降低深度网络的复杂度。

3.2.4　非线性激活函数的工作原理

我们需要在每个卷积层之后加入非线性激活函数。之所以要加入非线性激活函数，原因如下：卷积运算是一种线性运算，线性运算有一个性质——若干个线性运算的叠加可以用一个线性运算来表示；如果将多个卷积运算直接堆叠起来，虽然进行了很多层卷积运算，但多层卷积运算可以被合并到一起并用一个卷积运算来代替，这与用多个卷积核设置多个卷积层来提取图像的不同特征并进行高级抽象的初衷是违背的。因此，在每个卷积层后面加一个非线性激活函数，那么每个卷积层的效果就可以得到"保留"。

非线性激活函数有很多种，ReLU 函数是卷积神经网络中常用的一种，它的表达式为 $f(x)=\max(0,x)$，对于输入的特征向量或特征图，它会将小于零的元素变为零，保持其他元素不变。由于 ReLU 函数的计算非常简单，所以它的计算速度往往比其他非线性函数快，加之其在实际应用中的效果很好，因此在很多深度网络中被广泛使用。

■ 经验分享

为了加深对非线性激活函数的理解，我们可以拿中医中的"针灸"作为类比。当针与皮肤有一段距离时，人不会感到疼痛，针与皮肤的远近和大脑中的"痛感"没有关系；当针接触到皮肤并且扎进皮肤时，人就会感到疼痛，也就是大脑中的"痛感"被激活了，针扎进皮肤的距离与大脑中的"痛感"具有相关性。非线性激活函数就是这个原理，神经网络训练出来的信息，如果没有达到阈值，说明是无用信息；如果超过阈值，特征就会通过非线性激活函数传递下去。

3.2.5　池化层的工作原理

池化(pooling)操作实质上是一种对统计信息提取的过程。在卷积神经网络中，池化运算是对特征图上的一个给定区域求出一个能代表这个区域特殊点的值，常见的两种池化方法是最大池化(max-pooling)和平均池化(average-pooling)。

图 3.2.6 是最大池化示意图,将整个矩阵分为多个子区域,取每个子区域的最大值作为新矩阵中的对应元素。

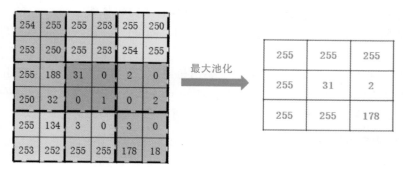

图 3.2.6 最大池化示意图

图 3.2.7 是平均池化示意图,与最大池化不同的是,它是取每个子区域的平均值作为新矩阵中的对应元素。

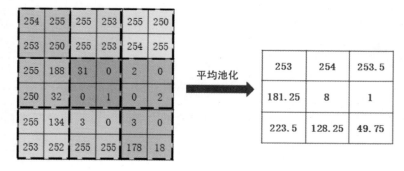

图 3.2.7 平均池化示意图

■ 温馨提示

池化操作也可以按照一定的步长(stride)来进行。 图 3.2.6 和图 3.2.7 中池化操作的步长为 2。 在实际的卷积网络结构中,池化操作的步长要小于池化区域的边长,这样能使相邻池化区域有一定的重叠,常见的情况是池化步长等于池化区域的边长减 1,比如,池化区域为 2×2,步长可以设为 1。

池化层的主要作用表现在两个方面:

(1)减少特征图的尺寸。从上面的分析可知,特征图在经过池化后,尺寸减小了,这对于减少计算量和防止过拟合是非常有利的。

(2)引入不变性。比如最常用的最大池化是选取特征图子区域中最大的那个值,所以这个最大值无论在子区域的哪个位置,通过最大池化运算总会选到它;所以这个最大值在这个子区域内的任何位移对运算结果都不会产生影响,相当于对微小位移的不变性。

3.2.6　卷积神经网络与全连接神经网络的区别

通过上面的介绍,大家已经对卷积神经网络的结构和各部分的功能有了一定的了解。那么,本节讲到的卷积神经网络与第 2 章讲的全连接神经网络有哪些区别呢?

区别 1:架构上的区别。

全连接神经网络为"平面网络",主要由输入层、激活函数、全连接层组成;卷积神经网络为"立体网络",其组成包括输入层、卷积层(可能有多个)、激活函数(可能有多个)、池化层(可能有多个)、全连接层,两者的区别如图 3.2.8 所示。

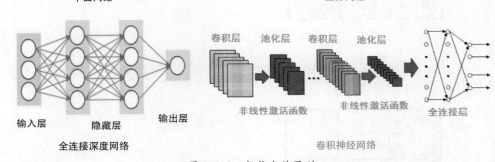

图 3.2.8　架构上的区别

区别 2:功能上的区别。

全连接深度神经网络:无法对输入量进行特征提取;卷积神经网络:可以实现特征自动提取功能。

3.2.7　从仿生学角度看卷积神经网络

1981 年,诺贝尔医学生理学奖颁发给了 David Hubel,他发现了视觉系统信息处理机制,证明大脑的可视皮层是分级的。David Hubel 认为人的视觉功能主要有两个:一个是抽象,一个是迭代。抽象就是把非常具体的形象的元素抽象出来形成有意义的概念;这些有意义的概念又会往上迭代,变成更加抽象,从而使人可以感知到的抽象概念。

如果要模拟人脑,就要模拟抽象和递归迭代的过程,把信息从最细微的像素级别抽象到"属性"的概念,让人能够接受。卷积神经网络的工作原理便体现了这一点,如图 3.2.9 所示。因此,从仿生学的角度来看,卷积神经网络是一种模仿大脑的可视皮层工作原理的深度神经网络。

卷积神经网络在图像分类、目标检测、图像分割等方面应用效果显著,极大地推动了计算机视觉技术的发展及应用。相关的应用实例将在本书第 5 章结合 MATLAB 的 Deep learning Toolbox 的程序代码进行讲解。

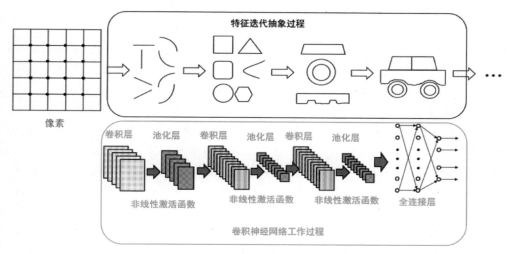

图 3.2.9 卷积神经网络对特征迭代抽象过程示意图

| 扩展阅读 |

创建 ImageNet 挑战赛初衷 *

以下是《医学与机器》栏目的主持人、《深度医学》的作者 Eric J. Topol 博士与李飞飞教授的访谈摘录。

李飞飞教授:"我在 AI 领域的专业方向主要是研究计算机视觉与机器学习之间的交集。早在 2006 年,我就试图解决计算机视觉领域的一个核心难题——用直白的话来说,就是如何实现物体识别。

"人类是一种非常聪明的动物,会以非常丰富的方式观察这个世界。但是,这种视觉智能的基础在于准确识别出周遭环境中多达几十万种不同的物体,包括小猫、树木、椅子、微波炉、汽车、行人等。从这个角度出发探索机器智能的实现,无疑是实现人工智能的第一步,而且直到现在也仍然是重要的一步。

"我们一直在为此努力。当时我还年轻,在学校担任副教授。在评上副教授的第一年,我就开始研究这个问题。但我突然间意识到,那个时代下的所有机器学习算法,在本质上只能处理含有几十种对象的一组极小数据类别。这些数据集中的每个类别只包含 100 张或者最多几百张图片,这样的素材量远远无法与人类及其他动物的实际成长经历相契合。

"受到人类成长过程的启发,我们意识到大数据对于推动机器学习发展的重要意义。充足的数据量不仅能够改善模式的多样性,同时也在数学层面有着关键的积极意义,能够帮助一切学习系统更好地实现泛化,而非被束缚在总量远低于真实

---

* 本文节选自公众号"AI 前线"2020 年 2 月 15 日的文章,略有删减。

世界的数据集内，经历一次又一次的过度拟合。

"以这一观念为基础，我们认为接下来不妨做点疯狂的事情，那就是把周遭环境中的所有物体都整理出来。具体是怎么做的？我们受到了英语词汇分类法 WordNet 的启发，这种方法由语言学家 George Miller 于 20 世纪 80 年代提出。在 WordNet 中，能够找到超过 8 万个用于描述客观对象的名词。

"最终收集到 22 000 个对象类，这些对象类通过不同的搜索引擎从互联网上下载而来。此外，还通过 Amazon Mechanical Turk 发动了规模可观的众包工程项目，这一干就是两年。我们吸引到来自 160 多个国家和地区的超过 5 万名参与者，他们帮助我们清理并标记了近 10 亿张图像，并最终得到一套经过精心规划的数据集。数据集中包含 22 000 个对象类以及下辖的 15 000 万张图像，这就是今天大家所熟悉的 ImageNet。

"我们立即把成果向研究社区开源。从 2010 年开始，我们每年举办一届 ImageNet 挑战赛，诚邀全球各地的研究人员参与解决这一代表计算机视觉领域终极难题的挑战。

"几年之后，来自加拿大的机器学习研究人员们利用名为'卷积神经网络'这一颇具传统特色的模型获得了 2012 年 ImageNet 挑战赛的冠军。

"我知道，很多人都把 ImageNet 挑战赛视为开启深度学习新时代的里程碑式事件。"

3.3　从数学的角度看卷积神经网络

通过 3.2 节的学习，我们对卷积神经网络的结构和工作机理有了定性的了解；本节从数学角度对卷积神经网络的实现过程、参数确定方法进行详细的探讨。

本节的重点内容主要包括：
- 卷积神经网络哪些参数需要训练确定；
- 采用误差反向传播法确定卷积神经网络参数的原理及步骤。

3.3.1　本书中采用的符号及含义

本书所涉及的符号及含义如表 3.3.1 所示。由于在对神经网络的研究过程中涉及的符号较多，很容易混淆，请对照表 3.3.1 理解、记忆。

表 3.3.1　符号及含义

位　置	符　号	含　义
输入层	x_{ij}	神经元中输入的图像像素（i 行 j 列）的值
卷积核	w_{ij}^{Fk}	第 k 个卷积核的 i 行 j 列的值
卷积层	z_{ij}^{Fk}	卷积层第 k 个子层的 i 行 j 列的加权输入
卷积层	b^{Fk}	卷积层第 k 个子层的 i 行 j 列的神经元的偏置
	a_{ij}^{Fk}	卷积层第 k 个子层的 i 行 j 列的神经元的输出

位　置	符　号	含　义
池化层	z_{ij}^{Pk}	池化层第 k 个子层的 i 行 j 列的神经元的输入
	a_{ij}^{Pk}	池化层第 k 个子层的 i 行 j 列的神经元的输出
输出层	w_{k-ij}^{On}	从池化层第 k 个子层的 i 行 j 列的神经元指向输出层第 n 个神经元的箭头的权重
	z_n^O	输出层第 n 个神经元的加权输入
	b_n^O	输出层第 n 个神经元的偏置
	a_n^O	输出层第 n 个神经元的输出

3.3.2　从数学角度看卷积神经网络的工作过程

例 3.3.1　构建一个卷积神经网络,用于识别输入的二值数字图像。

针对 3.3.1 的需求,设计具有一个卷积层、一个池化层、一个输出层的卷积神经网络,如图 3.3.1 所示,每个卷积层有 3 个卷积核,输出层有 3 个神经元。

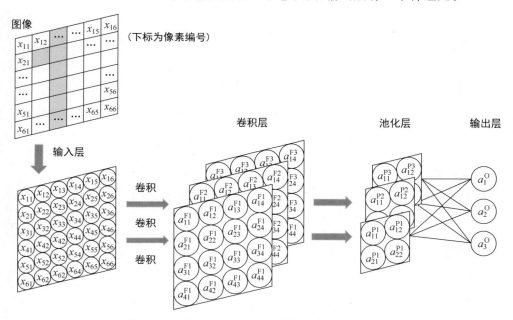

图 3.3.1　用于识别二值数字图像的卷积神经网络

将如图 3.3.1 所示的卷积神经网络用表 3.3.1 中的符号进行表示,如图 3.3.2 所示。

下面对这个网络的详细工作过程进行分析。

输入层:如图 3.3.3 所示,输入数据是 6×6 像素的图像,这些像素值是直接输入到输入层的神经元中的,用 x_{ij} 表示所输入的图像的 i 行 j 列位置的像素数据。

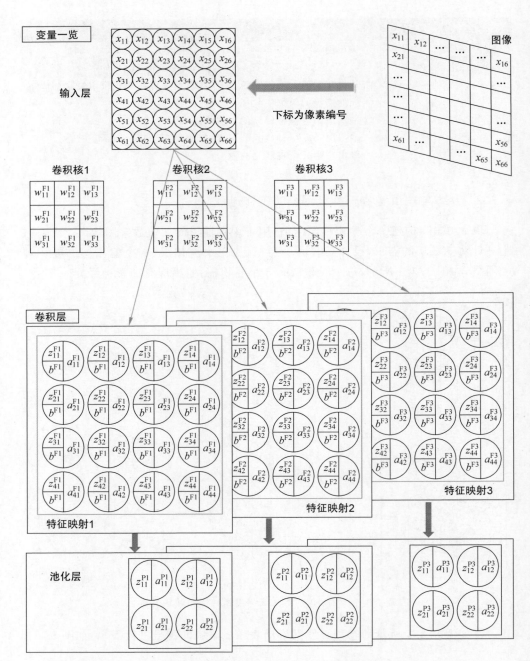

图 3.3.2　用符号详细表示图 3.3.1 所示的神经网络

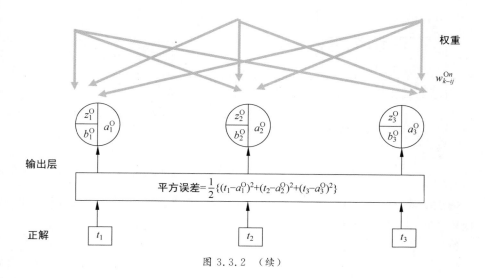

图 3.3.2 （续）

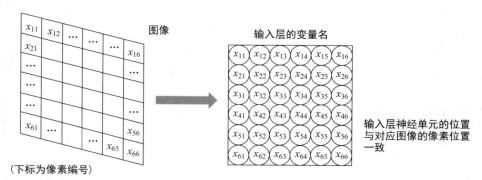

图 3.3.3 用符号表示输入层

在输入层的神经元中,输入值和输出值相同。如果将输入层 i 行 j 列的神经元的输出表示为 a_{ij}^I（a 的上标 I 为 Input 的首字母）,那么以下关系式成立:

$$a_{ij}^I = x_{ij}$$

卷积层:如图 3.3.4 所示,有 3 个卷积核,由于每个卷积核中元素的数值是通过训练而确定的,所以它们是模型的参数,表示为 $w_{11}^{Fk}, w_{12}^{Fk}, \cdots (k=1,2,3)$。

卷积核1

w_{11}^{F1}	w_{12}^{F1}	w_{13}^{F1}
w_{21}^{F1}	w_{22}^{F1}	w_{32}^{F1}
w_{31}^{F1}	w_{32}^{F1}	w_{33}^{F1}

卷积核2

w_{11}^{F2}	w_{12}^{F2}	w_{13}^{F2}
w_{21}^{F2}	w_{22}^{F2}	w_{32}^{F2}
w_{31}^{F2}	w_{32}^{F2}	w_{33}^{F2}

卷积核3

w_{11}^{F3}	w_{12}^{F3}	w_{13}^{F3}
w_{21}^{F3}	w_{22}^{F3}	w_{32}^{F3}
w_{31}^{F3}	w_{32}^{F3}	w_{33}^{F3}

构成卷积核的数值是模型的参数。此外,F为Filter的首字母

图 3.3.4 用符号表示卷积核

采用卷积核对输入的图像进行卷积运算,如图 3.3.5 所示。

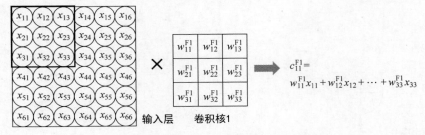

图 3.3.5 采用卷积核进行卷积运算的过程

依次滑动卷积核,用同样的方式计算求得卷积值 $c_{12}^{\mathrm{F1}},c_{13}^{\mathrm{F1}},\cdots,c_{44}^{\mathrm{F1}}$,这样就得到了使用卷积核 1 的卷积的结果。

使用卷积核 k 的卷积结果可用式(3.3.1)表示。

$$c_{ij}^{\mathrm{F}k}=w_{11}^{\mathrm{F}k}x_{ij}+w_{12}^{\mathrm{F}k}x_{i(j+1)}+w_{13}^{\mathrm{F}k}x_{i(j+2)}+\cdots+w_{33}^{\mathrm{F}k}x_{(i+2)(j+2)} \qquad (3.3.1)$$

再给卷积后的数值加上一个偏置 $b^{\mathrm{F}k}$,如式(3.1.2)所示,每个卷积核对应同一个偏置,如图 3.3.6 所示。

$$z_{ij}^{\mathrm{F}k}=w_{11}^{\mathrm{F}k}x_{ij}+w_{12}^{\mathrm{F}k}x_{i(j+1)}+w_{13}^{\mathrm{F}k}x_{i(j+2)}+\cdots+$$
$$w_{33}^{\mathrm{F}k}x_{(i+2)(j+2)}+b^{\mathrm{F}k} \qquad (3.3.2)$$

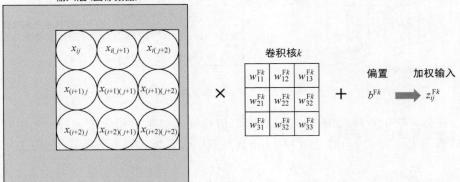

图 3.3.6 每个卷积核对应同一个偏置

若卷积层的激活函数为 $a(z)$,对于加权输入 $z_{ij}^{\mathrm{F}k}$,神经元的输出 $a_{ij}^{\mathrm{F}k}$ 为

$$a_{ij}^{\mathrm{F}k}=a(z_{ij}^{\mathrm{F}k}) \qquad (3.3.3)$$

卷积层每个神经元的输出如图 3.3.7 所示。

池化层:最大池化层的工作原理如图 3.3.8 所示,其数学表达式为式(3.1.4)。

$$\begin{cases} z_{ij}^{\mathrm{P}k}=\mathrm{Max}(a_{(2i-1)(2j-1)}^{\mathrm{P}k},a_{(2i-1)(2j)}^{\mathrm{P}k},a_{(2i)(2j-1)}^{\mathrm{P}k},a_{(2i)(2j)}^{\mathrm{P}k}) \\ a_{ij}^{\mathrm{P}k}=z_{ij}^{\mathrm{P}k} \end{cases} \qquad (3.3.4)$$

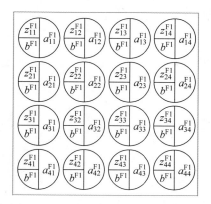

图 3.3.7　卷积层每个神经元的输出示意图

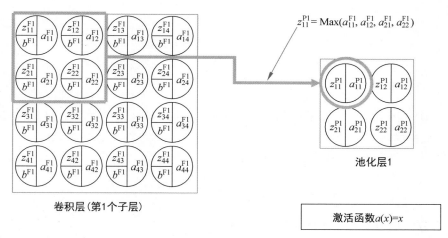

图 3.3.8　最大池化层原理示意图

池化层的神经元没有权重和偏置的概念。激活函数可以认为是 $a(x)=x$,例如, $a_{11}^{P1}=z_{11}^{P1}$。

输出层:输出层有 3 个神经元。如图 3.3.9 所示。输出层第 n 个神经元($n=1,2,3$)的加权输入可以用式(3.3.5)表示,其中, w_{k-ij}^{On} 为输出层第 n 个神经元给池化层神经元的输出 a_{ij}^{Pk}($k=1,2,3$;$i=1,2$;$j=1,2$)分配的权重, b_n^{O} 为输出层第 n 个神经元的偏置。

$$z_n^{O} = w_{1-11}^{On} a_{11}^{P1} + w_{1-12}^{On} a_{12}^{P1} + \cdots + w_{2-11}^{On} a_{11}^{P2} + w_{2-12}^{On} a_{12}^{P2} + \cdots + \cdots +$$
$$w_{3-11}^{On} a_{11}^{P3} + \cdots + w_{3-12}^{On} a_{12}^{P3} + \cdots + b_n^{O} \tag{3.3.5}$$

输出层第 n 个神经元的输出值为 a_n^{O},激活函数为 $a(z)$,则

$$a_n^{O} = a(z_n^{O})$$

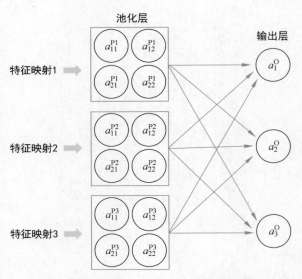

图 3.3.9 池化层与输出层的连接示意图

3.3.3 如何求代价函数

对于如图 3.3.2 所示的卷积神经网络中,输出层神经元的 3 个输出为 a_1^O、a_2^O、a_3^O,对应的学习数据的正解分别记为 t_1、t_2、t_3,平方误差 C 可以用式(3.3.6)表示。平方误差计算示意图如图 3.3.10 所示。

$$C = \frac{1}{2}\{(t_1 - a_1^O)^2 + (t_2 - a_2^O)^2 + (t_3 - a_3^O)^2\} \tag{3.3.6}$$

注:系数 $\frac{1}{2}$ 是为了后续进行导数计算方便。

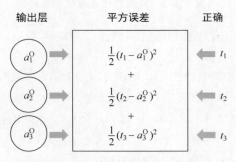

图 3.3.10 平方误差计算示意图

将输入第 k 个训练样本图像时的平方误差的值记为 C_k,如式(3.3.7)所示。

$$C_k = \frac{1}{2}\{(t_1[k] - a_1^O[k])^2 + (t_2[k] - a_2^O[k])^2 + (t_3[k] - a_3^O[k])^2\}$$

$$\tag{3.3.7}$$

全体训练样本的平方误差的总和就是代价函数 C_T，如式(3.3.8)所示。

$$C_T = C_1 + C_2 + \cdots + C_{1000} \qquad (3.3.8)$$

注意：1000 为训练样本的数量。

对卷积神经网络进行训练的目标就是求出使代价函数 C_T 达到最小的参数。

3.3.4 采用误差反向传播法确定卷积神经网络的参数

在确定卷积神经网络的参数时，梯度下降法也是基础。梯度的方向是函数上升最快的方向，要使代价函数下降最快，应要沿着梯度的反方向逐步下降，这就是梯度下降法的核心思想。

以 C_T 为代价函数，梯度下降法的数学表示如式(3.3.9)所示。

$$(\Delta w_{11}^{\mathrm{F1}}, \cdots, \Delta w_{1-11}^{\mathrm{O1}}, \cdots, \Delta b_1^2, \cdots, \Delta b_1^{\mathrm{O}}, \cdots) = -\eta \left(\frac{\partial C_T}{\partial w_{11}^{\mathrm{F1}}}, \cdots, \frac{\partial C_T}{\partial w_{1-11}^{\mathrm{O1}}}, \cdots, \frac{\partial C_T}{\partial b^{\mathrm{F1}}}, \cdots, \frac{\partial C_T}{\partial b_1^{\mathrm{O}}}, \cdots \right)$$

$$(3.3.9)$$

式(3.3.9)右边的括号中为代价函数 C_T 的梯度，其含义如图 3.3.11 所示。

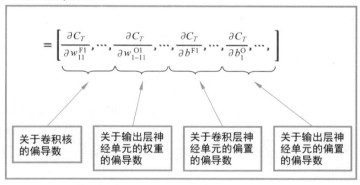

图 3.3.11 代价函数梯度的含义

求代价函数 C_T 的偏导数时，先对式(3.3.6)求偏导数，然后逐一代入样本图像数据，并求和即可。误差反向传播法中引入神经元误差 δ 的概念，如式(3.3.10)所示，$\delta_{ij}^{\mathrm{F}k}$ 表示卷积层第 k 个子层的第 i 行第 j 列的神经元误差；δ_n^{O} 表示输出层第 n 个神经元的误差。

$$\delta_{ij}^{\mathrm{F}k} = \frac{\partial C}{\partial z_{ij}^{\mathrm{F}k}}, \quad \delta_n^{\mathrm{O}} = \frac{\partial C}{\partial z_n^{\mathrm{O}}} \qquad (3.3.10)$$

卷积层第 1 个子层的第 1 行第 1 列的神经元的误差 $\delta_{11}^{\mathrm{F1}}$ 以及输出层第 1 个神经元的误差 δ_1^{O} 如图 3.3.12 所示。

根据偏导数的链式求导法则，图 3.3.2 所示的卷积神经网络可以得出：

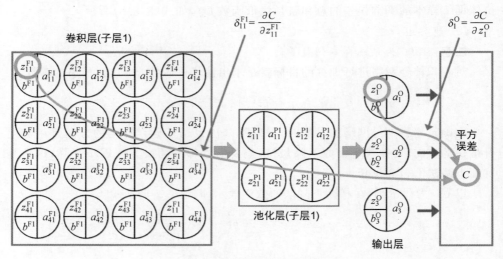

图 3.3.12　神经元误差示意图

$$\begin{cases} \dfrac{\partial C}{\partial w_{k-ij}^{On}} = \delta_n^O a_{ij}^{Pk}, \dfrac{\partial C}{\partial b_n^O} = \delta_n^O \\[2mm] \dfrac{\partial C}{\partial w_{ij}^{Fk}} = \delta_{11}^{Fk} x_{ij} + \delta_{12}^{Fk} + \cdots + \delta_{44}^{Fk} x_{i+3j+3} \\[2mm] \dfrac{\partial C}{\partial b^{Fk}} = \delta_{11}^{Fk} + \delta_{12}^{Fk} + \cdots + \delta_{33}^{Fk} + \cdots + \delta_{44}^{Fk} \end{cases} \tag{3.3.11}$$

因此,求出 δ_{ij}^{Fk} 与 δ_n^O,便可以得出代价函数 C_T 的梯度。解决思路是先求 δ_n^O,再根据两者之间的关系便可求出 δ_{ij}^{Fk},对于图 3.3.2 所示的卷积神经网络,求解 δ_{ij}^{Fk} 与 δ_n^O 的方法如式(3.3.12)所示,其具体的过程本书不进行详细推导,感兴趣的读者可自行进行推导。

$$\begin{cases} \delta_n^O = (a_n^O - t_n) a'(z_n^O) \\ \delta_{ij}^{Fk} = \{\delta_1^O w_{k-i'j'}^{O1} + \delta_2^O w_{k-i'j'}^{O2} + \delta_3^O w_{k-i'j'}^{O3}\} \times \\ \quad (\text{当 } a_{ij}^{Fk} \text{ 在区块中最大时为 } 1, \text{否则为 } 0) \times a'(z_{ij}^{Fk}) \end{cases} \tag{3.3.12}$$

在以上分析的基础上,可以得出采用误差反向传播法确定卷积神经网络参数的主要步骤如下:

(1) 读入训练样本图像数据;

(2) 设置卷积核参数的初始值、设置网络权重和偏置的初始值、设置学习率等参数的初始值;

(3) 计算出神经元的输出值及损失函数的值;

(4) 根据误差反向传播法计算各层神经元误差;

(5) 根据神经元误差计算损失函数的偏导数;

(6) 根据损失函数的偏导数计算其梯度;

（7）根据所求出的梯度值，更新网络模型中参数的值；

（8）反复进行步骤（3）～步骤（7），使损失函数的值最小或降低到某一阈值之内；将此时的参数值作为网络模型中的参数值。

上述步骤的流程图如图 3.3.13 所示。

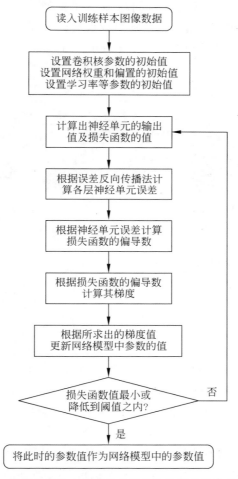

图 3.3.13　采用误差反向传播法确定卷积神经网络参数的流程图

3.4　认识经典的"卷积神经网络"

在前面几节，学习了卷积神经网络的结构和如何调节卷积神经网络的参数，本节将向各位读者展示已经在实际应用中取得良好效果的典型卷积神经网络。

本节主要讲解的问题如下：

· LeNet5、AlexNet、VGG-16 等典型的卷积网络结构的特点；

- 卷积神经网络发展如此迅速的原因。

3.4.1　解析 LeNet5 卷积神经网络

LeNet-5 卷积神经网络出自论文 *Gradient-Based Learning Applied to Document Recognition*，解决的是手写数字识别问题，输入的图像为 $28×28$ 像素的灰度图像，运用的是 MNIST 数据集(对于各类典型数据集的介绍，详见本节的扩展阅读)。LeNet-5 卷积神经网络的结构如图 3.4.1 所示。

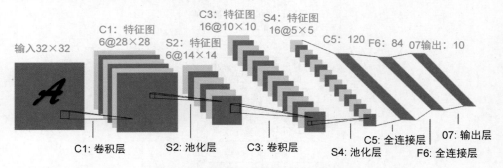

图 3.4.1　LeNet-5 卷积神经网络的结构

下面就对这个网络进行详细分析。

1. C1: 卷积层

- 输入图片大小：$32×32$ 像素。
- 输入图片通道数：1 个。
- 卷积核大小：$5×5$。
- 卷积核个数：6 个(注：每个卷积核中的参数都不相同)。
- 卷积的步长为 1，卷积的步长为 valid。
- 输出特征图的个数：6 个(注：与卷积核的个数相等)。
- 输出特征图的大小：$28×28$ 像素。
- 本层需要训练的参数：156 个(注：每个卷积核要训练的参数为 $5×5$ 个，再加 1 个公共偏置参数，所以每个卷积核需要训练的参数为 26 个，一共有 6 个卷积核)。

2. S2: 池化层

- 输入特征图：$28×28$ 像素。
- 输入特征图通道数：6 个(注：与上一层输出的特征图的个数相等)。
- 池化的方法：平均池化。
- 每个池化区域大小：$2×2$ 像素。
- 输出特征图的个数：6 个(注：与输入特征图的个数相等)。
- 输出特征图的大小：$14×14$ 像素。

- 本层需要训练的参数：无。

3. C3：卷积层

- 输入特征图大小：14×14 像素。
- 输入特征图通道数：6 个(注：与上一层输出的特征图的个数相等)。
- 卷积核大小：5×5。
- 卷积核个数：16 个(注：每个卷积核中的参数都不相同)。
- 卷积的步长为 1，卷积的步长为 valid。
- 输出特征图的个数：16 个(注：与卷积核的个数相等)。
- 输出特征图的大小：10×10 像素。
- 本层需要训练的参数：1516 个。

在这里，需要强调的是 S2 层产生的 6 个特征图与 C3 层的 16 个卷积核之间的连接关系如图 3.4.2 所示，它们只是部分连接(图 3.4.2 中的 X 表示连接)，并不是全连接，这种连接关系能将连接的数量控制在一个比较合理的范围内。

	1	2	3	4	5	6	7	8	9	10	11	12	13	14	15	16
1	X				X	X	X			X	X	X	X		X	X
2	X	X				X	X	X			X	X	X	X		X
3	X	X	X				X	X	X			X		X	X	X
4		X	X	X			X	X	X	X			X		X	X
5			X	X	X			X	X	X	X		X	X		X
6				X	X	X			X	X	X	X		X	X	X

图 3.4.2　S2 层产生的 6 个特征图与 C3 层的 16 个卷积核之间的连接关系

4. S4：池化层

- 输入特征图大小：10×10 像素。
- 池化的方法：平均池化。
- 每个池化区域大小：2×2 像素。
- 输出特征图的个数：16 个(注：与输入特征图的个数相等)。
- 输出特征图的大小：5×5 像素。
- 本层需要训练的参数：无。

5. C5：卷积层

- 输入特征图大小：5×5 像素。
- 输入特征图通道数：16 个(注：与上一层输出的特征图的个数相等)。
- 卷积核大小：5×5。
- 卷积核个数：120 个(注：每个卷积核中的参数都不相同，每个卷积核中有 16 个子卷积核，与输入特征图的通道数相等)。

- 输出特征图的个数：120 个（注：与卷积核的个数相等）。
- 输出特征图的大小：1×1 像素。
- 本层需要训练的参数：48 120 个。

本层需要训练的参数计算过程如下：

由于输入特征图通道有 16 个，故每个卷积核中有 16 个子卷积核（多通道多卷积核的运算过程详见图 3.2.5），每个子卷积核的大小为 5×5，所以每个卷积核需要确定的参数为 5×5×16＋1，其中：1 为卷积核的公共偏置参数；而卷积核的个数为 120 个，故本层需要训练的参数为(5×5×16＋1)×120＝48 120。

■ 温馨提示

由于 C5 层卷积核的大小与输入的特征图大小相同，故本层也可以看作是全连接层。

6. F6：全连接层

- 输入：120 维向量。
- 节点数：84。
- 非线性激活函数：Sigmoid 函数。
- 本层需要训练的参数：10 164 个（注：84×(120＋1)＝10 164）。

7. O7：输出层

O7 输出层也是全连接层，共有 10 个节点，分别代表数字 0～9，且如果节点 i 的值为 0，则网络识别的结果是数字 i。采用的是径向基函数（RBF）的网络连接方式。

3.4.2　具有里程碑意义的 AlexNet

AlexNet 是一个引起轰动的卷积深度神经网络，Alex Krizhevsky 用 GPU 训练得到，并以自己的名字命名，在 2012 年的 ImageNet ILSVRC 竞赛中夺冠，在当时的计算机视觉界引起了轰动，也引爆了新一轮的基于深度学习的人工智能研究和应用热潮。

关于 AlexNet 的详细介绍可以参看论文 *ImageNet Classification with Deep Convolutional Neural Networks*[1]。该模型主要由卷积层、池化层（下采样层）和全连接层组成，并引入了一些被后来广泛应用的特性和技巧，比如：使用卷积层和池化层的组合来提取图像的特征；使用 ReLU 作为激活函数；使用 Dropout 抑制过拟合；使用数据扩充（Data Augmentation）抑制过拟合等。

AlexNet 网络主要包含 1 个输入层、1 个输出层、5 个卷积层、3 个下采样层、

① Krizhevsky A，Sutskever I，Hinton G．ImageNet Classification with Deep Convolutional Neural Networks[J]．Advances in neural information processing systems，2012，25(2)．

2个全连接层。各层的结构和输入输出如表 3.4.1 所示。其中,从输入层到卷积层 1 开始,之后的每一层都被分为 2 个相同的结构进行计算,这是因为 AlexNet 中将计算平均分配到了 2 块 GPU 卡上进行。

表 3.4.1　AlexNet 网络结构及参数

名　　称	输　　入	卷　积　核	步　长	输　出
输入层	$227\times227\times3$	—	—	$227\times227\times3$
卷积层 1	$227\times227\times3$	$3\times11\times11\times48\times2$	4	$55\times55\times96$
池化层 1	$55\times55\times96$	—	2	$27\times27\times96$
卷积层 2	$27\times27\times96$	$96\times5\times5\times128\times2$	1	$27\times27\times256$
池化层 2	$27\times27\times256$	—	2	$13\times13\times256$
卷积层 3	$13\times13\times256$	$256\times3\times3\times384$	1	$27\times27\times128$
卷积层 4	$13\times13\times384$	$3\times3\times192\times2$	1	$13\times13\times384$
卷积层 5	$13\times13\times384$	$3\times3\times192\times2$	1	$13\times13\times384$
池化层 5	$13\times13\times384$	—	2	$6\times6\times256$
全连接层 6	9216 ($6\times6\times256$)	—	—	4096
全连接层 7	4096 (2048×2)	—	—	4096
全连接层 8	4096 (2048×2)	—	—	1000
输出层	1000	—	—	1000

3.4.3　VGG-16 卷积神经网络的结构和参数

VGG 是由牛津大学的 Visual Geometry Group 团队提出,详细内容可以参看论文 *Very Deep Convolutional Networks for Large-Scale Image Recognition*[①]。VGG 继承了 AlexNet 的一些结构,VGG-16 模型深度为 16 层,只使用 3×3 大小的卷积核(极少用了 1×1 卷积核)和 2×2 的池化核,这种小尺寸核有利于减少计算量。VGG 层数更深,特征图更宽,最后 3 个全连接层在形式上完全迁移 AlexNet 的最后 3 层。此外,在测试阶段把网络中原本的 3 个全连接层依次变为 3 个卷积层,所以网络可以处理任意大小的输入。VGG 参数量是 AlexNet 的大约 3 倍。

VGG-16 卷积神经网络的结构和参数如表 3.4.2 所示,随着层数的加深,网络宽高变小,而通道数增大。网络主要包含 1 个输入层、1 个输出层、13 个卷积层、5 个下采样层、3 个全连接层。

---

① Simonyan K,Zisserman A. Very Deep Convolutional Networks for Large-Scale Image Recognition [J]. Computer ence,2014.

表 3.4.2 VGG-16 网络结构及参数

名　　称	输　　入	卷　积　核	步　长	输　　出
输入层	224×224×3	—	—	224×224×3
卷积层 1	224×224×3	3×3×3×64	1	224×224×64
卷积层 2	224×224×64	64×3×3×64	—	224×224×64
池化层 2	224×224×64	—	2	112×112×128
卷积层 3	112×112×128	128×3×3×128	1	112×112×128
卷积层 4	112×112×128	128×3×3×128	1	112×112×128
池化层 4	112×112×128	—	2	56×56×256
卷积层 5	56×56×256	128×3×3×256	1	56×56×256
卷积层 6	56×56×256	256×3×3×256	1	56×56×256
卷积层 7	56×56×256	256×3×3×256	1	56×56×256
池化层 7	56×56×256	—	2	28×28×512
卷积层 8	28×28×512	256×3×3×512	1	28×28×512
卷积层 9	28×28×512	512×3×3×512	1	28×28×512
卷积层 10	28×28×512	512×3×3×512	1	28×28×512
池化层 10	28×28×512	—	2	14×14×512
卷积层 11	14×14×512	512×3×3×512	1	14×14×512
卷积层 12	14×14×512	512×3×3×512	1	14×14×512
卷积层 13	14×14×512	512×3×3×512	1	14×14×512
池化层 13	14×14×512	—	2	7×7×512
全连接层 14	4096	—	—	4096
全连接层 15	4096	—	—	4096
全连接层 16	4096	—	—	1000
输出层	1000	—	—	1000

3.4.4　卷积神经网络为何会迅猛发展

　　深度学习作为一门数据驱动的科学，卷积神经网络本身的性能就和训练数据的总量、多样性有着密不可分的联系。一个"见多识广"的卷积神经网络，对于问题的处理往往更加优秀。如今，由于互联网技术的飞速发展，网络、设备、系统互联互通，产生了大量数据，再加上分布式存储的发展，使数据以指数爆炸性的增长，"大数据"的理念已渗透到社会和生活的方方面面，做一个形象的比喻，数据工程的迅猛发展就像燃料一样，推动着卷积神经网络这枚火箭不断发展。

　　卷积神经网络的发展与硬件的支持也是分不开的。卷积神经网络的训练过程需要大量的计算资源，而越深层、越复杂的卷积神经网络对硬件资源的需求就越大。这种繁重的计算任务是普通 CPU 难以胜任的，更强大的 GPU（图形处理器）的出现和广泛应用也极大地促进了卷积神经网络的发展。以大家熟知的 AlexNet为例，为了完成 ImageNet 分类模型的训练，使用一个 16 核的 CPU 需要一个多月才能训练完成,而使用一块 GPU 则只需两三天,训练效率极大提高；Google 公司研发了人工智能专用芯片 TPU 来进行并行计算,它是为深度学习特定用途特殊设计的逻辑芯片,使得深度学习的训练速度更快。

因此,可以说大数据和高性能硬件是推动卷积神经网络发展的两个重要的助推器。

3.5 思考与练习

1. 典型的卷积神经网络包括哪几部分组成?

2. 在卷积神经网络中,卷积层的作用是什么?

3. 对于卷积神经网络来说,什么是"参数共享"? "参数共享"的意义是什么?

4. 在卷积神经网络中,池化层的作用是什么? 常用的池化方法有哪两种?

5. 在卷积神经网络中,哪些参数需要训练来确定?

6. 对卷积神经网络进行训练的目标是什么?

7. 请绘制基于误差反向传播法确定卷积神经网络参数的流程图。

8. 在 LeNet 的第一个卷积层 C1 中,输入图像的大小为 32×32 像素,输入图片通道数为 1 个,卷积核大小为 5×5,卷积的步长为 1,请问本层输出的特征图的个数是多少? 本层有多少个参数需要训练?

9. LeNet 的 S4 池化层中输出的特征图的个数为 16 个,在其之后的卷积层 C5 的卷积核个数为 120 个,每个卷积核中有多少个子卷积核? 卷积层 C5 输出的特征图的个数是多少?

10. 与 LeNet 相比,AlexNet 采用了哪些方法来抑制过拟合?

11. 在卷积层之后,加入非线性激活函数的目的是什么?

12. 简述多通道卷积的计算过程。

13. 卷积神经网络与全连接神经网络的主要区别是什么?

CHAPTER

4

基于MATLAB深度学习工具箱的实现与调试

4.1 构造一个用于分类的卷积神经网络

前面几章介绍了卷积神经网络的基本理论,想必很多读者已跃跃欲试,想自己构建一个卷积神经网络了吧。本节通过 MATLAB 中的深度学习工具箱(Deep Learning Toolbox)来构建一个用于分类的卷积神经网络。

本节重点讲解的内容主要包括:

- 构建一个用于分类的卷积神经网络的主要步骤。
- 深度学习工具箱中关于构造卷积神经网络的函数及其使用方法。
- 如何通过调用深度学习工具箱中的函数来构造卷积神经网络?
- 改变卷积神经网络的结构对分类结果的影响。

本节采用实例引导式的讲解方式,通过实例来学习、分析和拓展。

4.1.1 实例需求

例 4.1.1 构建一个卷积神经网络,可实现对输入的含有 0~9 数字的二值图像(像素数为 28×28)进行分类,并计算分类准确率。

部分输入图像如图 4.1.1 所示。

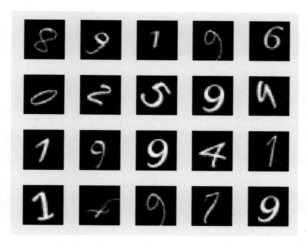

图 4.1.1　部分输入图像

4.1.2　开发环境

本书采用 MATLAB 中的 Deep Learning Toolbox 进行开发。

Deep Learning Toolbox 提供了一个用于通过算法、预训练模型和应用程序来设计和实现深度神经网络的框架,可以使用卷积神经网络和长短期记忆网络对图像、时序和文本数据进行分类和回归,并且具有良好的可视化及交互效果,可以监控训练进度和训练网络架构。

基于 Deep Learning Toolbox,对于小型训练集,可以使用预训练深度网络模型以及从 Keras 和 Caffe 导入的模型执行迁移学习;要加速对大型数据集的训练,可以使用 Parallel Computing Toolbox 将计算和数据分布到多核处理器和 GPU 中,或者使用 Distributed Computing Server 扩展到群集和云中。

4.1.3　开发步骤

例 4.1.1 可以通过以下 5 个步骤实现:

步骤 1,加载图像样本数据;

步骤 2,将加载的图像样本分为训练集和测试集;

步骤 3,构建卷积神经网络;

步骤 4,配置训练选项并开始训练;

步骤 5,将训练好的网络用于对新的输入图像进行分类,并计算准确率。

■ 温馨提示

本节重点讲解步骤 3 及其所涉及的函数、编程方法,其他步骤所涉及的函数及编程方法将在后续章节中进行讲解。

4.1.4　常用的构造卷积神经网络的函数

1. 创建图像输入层：imageInputLayer 函数

功能：创建一个图像输入层。

用法：layer = imageInputLayer(inputSize)

输入：inputSize 为输入图像数据的像素大小，格式为具有 3 个整数值[h w c] 的行向量，其中 h 是高，w 是宽，c 是通道数。

输出：layer 为图像输入层。

例如：

```
imageInputLayer([28 28 1])
```

这个语句实现的功能为：创建一个输入层，该输入层为一个通道，输入图像大小为 28×28 像素。

2. 创建二维卷积层：convolution2dLayer 函数

功能：创建一个二维卷积层。

用法：

用法①

```
layer = convolution2dLayer(filterSize,numFilters)
```

输入：filterSize 为卷积核大小，格式为具有两个整数的向量[h w]，其中 h 是高，w 是宽；numFilters 为滤波器个数。

输出：layer 为二维卷积层。

用法②

```
layer = convolution2dLayer(filterSize,numFilters,Name,Value)
```

可以通过指定"名称-取值"对(Name 和 Value)来配置特定属性(将每种属性名称括在单引号中)，具体含义如表 4.1.1 所示。

表 4.1.1　convolution2dLayer 函数常用参数含义

名　　称	含　　义
Padding	卷积的方式，默认值为'same'
Stride	竖直和水平方向计算时的步长，默认值为[1 1]
NumChannels	每个卷积核的通道数，默认值为'auto'(根据输入的通道数自动调整)
Name	层名

例如：

```
convolution2dLayer([3 3],8,'Padding','same')
```

这个语句实现的功能为：创建一个卷积层，卷积核大小为 3×3，卷积核的个数为 8 （每个卷积核的通道数与输入图像的通道数相等），卷积的方式采用零填充方式（即设定为 same 方式）。

■ 温馨提示

　　如果卷积核为方阵，卷积和的大小可以只用方阵的维数表示。

　　convolution2dLayer（[3 3],8,'Padding','same'）

　　也可以表示为

　　convolution2dLayer(3,8,'Padding','same')

3. 创建批量归一化层：batchNormalizationLayer 函数

　　功能：创建一个批量归一化（Batch Normalization）层，将上一层的输出信息批量进行归一化后再送入下一层。

　　用法：layer = batchNormalizationLayer

　　输出：layer 为所构建的批量归一化层。

■ 温馨提示

　　关于批量归一化层的作用，详见本节的"扩展阅读"。

4. 创建 ReLU 函数：reluLayer 函数

　　功能：创建一个 ReLU 非线性激活函数。

　　用法：layer = reluLayer

　　输出：layer 为 ReLU 非线性激活函数。

5. 创建最大池化层：maxPooling2dLayer 函数

　　功能：创建一个二维最大池化层。

　　用法：

　　用法①

```
layer = maxPooling2dLayer(poolSize)
```

　　输入：poolSize 为池化区域的大小。

　　输出：layer 为最大池化层。

用法②

```
layer = maxPooling2dLayer(poolSize,Name,Value)
```

可以通过指定"名称-取值"对(Name 和 Value)来配置特定属性(将每种属性名称括在单引号中),具体含义如表 4.1.2 所示。

表 4.1.2　maxPooling2dLayer 函数参数含义

名　　称	含　　义
Name	层名
Stride	步长,默认值为[1 1]

例如:

```
maxPooling2dLayer(2,'Stride',2)
```

这个语句实现的功能为:创建一个最大池化层,池化层的区域为 2×2,池化运算的步长为 2。

6. 创建全连接层: fullyConnectedLayer 函数

功能:创建一个全连接层。

用法:

用法①

```
layer = fullyConnectedLayer(outputSize)
```

输入:outputSize 指定所要输出的全连接层输出的大小。

输出:layer 为全连接层。

用法②

```
layer = fullyConnectedLayer(outputSize,Name,Value)
```

可以通过指定"名称-取值"对(Name 和 Value)来配置特定属性(将每种属性名称括在单引号中),具体含义如表 4.1.3 所示。

表 4.1.3　fullyConnectedLayer 函数的参数含义

名　　称	含　　义
Name	层名
InputSize	层输入大小,默认值为'auto',即根据输入的通道数自动调整
OutputSize	层输出大小

例如：

```
fullyConnectedLayer(10)
```

这个语句实现的功能为：创建一个有 10 个输出的全连接层。

7. 创建 Softmax 层：softmaxLayer 函数

功能：创建一个 softmax 层。

用法：layer = softmaxLayer

输出：layer 为 Softmax 层。

8. 创建分类层：classificationLayer 函数

功能：该函数创建一个分类输出层。

用法：layer = classificationLayer

输出：layer 为分类层。

4.1.5　构造卷积神经网络

针对 4.1.1 节中所提出的需求，构建具有两个卷积层的卷积神经网络，网络结构及各部分的参数如表 4.1.4 所示，卷积神经网络的结构示意图如图 4.1.2 所示。

表 4.1.4　所设计的卷积神经网络及各部分的参数

名　称	备　注
输入	28×28 像素，1 个通道
卷积层 1	卷积核大小为 3×3，卷积核的个数为 8（每个卷积核 1 个通道）卷积的方式采用零填充方式（即设定为 same 方式）
批量归一化层 1	加快训练时网络的收敛速度
非线性激励函数 1	采用 ReLU 函数
池化层 1	池化方式：最大池化；池化区域为 2×2，步长为 2
卷积层 2	卷积核大小为 3×3，卷积核的个数为 16（每个卷积核 8 个通道）卷积的方式采用零填充方式（即设定为 same 方式）
批量归一化层 2	加快训练时网络的收敛速度
非线性激励函数 2	采用 ReLU 函数
池化层 2	池化方式：最大池化；池化区域为 2×2，步长为 2
全连接层	全连接层输出的个数为 10 个
Softmax 层	得出全连接层每一个输出的概率
分类层	根据概率确定类别

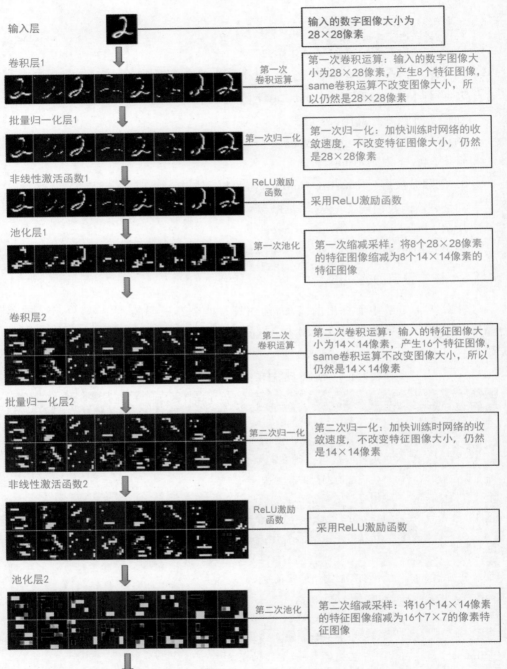

输入层 — 输入的数字图像大小为28×28像素

卷积层1 — 第一次卷积运算：第一次卷积运算：输入的数字图像大小为28×28像素，产生8个特征图像，same卷积运算不改变图像大小，所以仍然是28×28像素

批量归一化层1 — 第一次归一化：第一次归一化：加快训练时网络的收敛速度，不改变特征图像大小，仍然是28×28像素

非线性激活函数1 — ReLU激励函数：采用ReLU激励函数

池化层1 — 第一次池化：第一次缩减采样：将8个28×28像素的特征图像缩减为8个14×14像素的特征图像

卷积层2 — 第二次卷积运算：第二次卷积运算：输入的特征图像大小为14×14像素，产生16个特征图像，same卷积运算不改变图像大小，所以仍然是14×14像素

批量归一化层2 — 第二次归一化：第二次归一化：加快训练时网络的收敛速度，不改变特征图像大小，仍然是14×14像素

非线性激活函数2 — ReLU激励函数：采用ReLU激励函数

池化层2 — 第二次池化：第二次缩减采样：将16个14×14像素的特征图像缩减为16个7×7的像素特征图像

图 4.1.2 所设计的卷积神经网络结构示意图

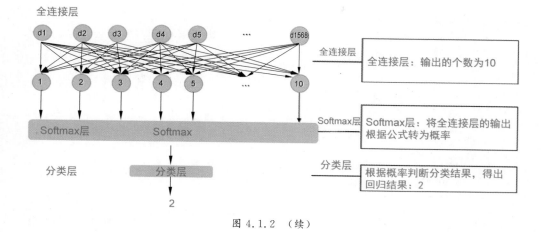

图 4.1.2 （续）

采用 4.1.4 节所介绍的函数,实现表 4.1.4 所示的卷积神经网络的程序代码如下:

```
layers = [
    imageInputLayer([28 28 1])
    convolution2dLayer([3 3],8,'Padding','same')
    batchNormalizationLayer
    reluLayer
    maxPooling2dLayer(2,'Stride',2)

    convolution2dLayer([3 3],16,'Padding','same')
    batchNormalizationLayer
    reluLayer
    maxPooling2dLayer(2,'Stride',2)

    fullyConnectedLayer(10)
    softmaxLayer
    classificationLayer ];
```

4.1.6 程序实现

满足 4.1.1 节需求的程序代码如例程 4.1.1 所示,其运行效果如图 4.1.3 所示。请读者结合注释仔细理解。

例程 4.1.1

```
*****************************************************
%% 程序说明
% 例程 4.1.1
% 功能: 对含有 0～9 数字的二值图像(28×28 像素)进行分类,并计算分类准确率
% 作者: zhaoxch_mail@sina.com
% 注: 1)本实例主要用于说明如何构建网络?如何改变网络结构及网络结构改变后的
% 影响
```

```
%    2)请重点关注步骤 2
%    3)做一些网络结构的调整主要改变步骤 3 中的相关参数设置即可

%% 步骤 1:加载图像样本数据,并显示其中的部分图像
digitDatasetPath = fullfile(matlabroot,'toolbox','nnet','nndemos', ...
    'nndatasets','DigitDataset');
imds = imageDatastore(digitDatasetPath, ...
    'IncludeSubfolders',true,'LabelSource','foldernames');
figure;
perm = randperm(10000,20);
for i = 1:20
    subplot(4,5,i);
    imshow(imds.Files{perm(i)});
end
%% 步骤 2:将加载的图像样本分为训练集和测试集(在本例中,训练集的数量为 750,剩余
% 的为测试集)
numTrainFiles = 750;
[imdsTrain,imdsValidation] = splitEachLabel(imds,numTrainFiles,'randomize');
%% 步骤 3:构建网络(注:可以在该部分进行相关参数的设置改进)
layers = [
imageInputLayer([28 28 1])
    convolution2dLayer([3 3],8,'Padding','same')
    batchNormalizationLayer
    reluLayer
    maxPooling2dLayer(2,'Stride',2)

    convolution2dLayer([3 3],16,'Padding','same')
    batchNormalizationLayer
    reluLayer
maxPooling2dLayer(2,'Stride',2)

    fullyConnectedLayer(10)
    softmaxLayer
    classificationLayer];
%% 步骤 4:配置训练选项并开始训练
    options = trainingOptions('sgdm', ...
    'InitialLearnRate',0.01, ...
    'MaxEpochs',4, ...
    'Shuffle','every - epoch', ...
    'ValidationData',imdsValidation, ...
    'ValidationFrequency',30, ...
    'Verbose',false, ...
    'Plots','training - progress');            % 配置训练选项

    net = trainNetwork(imdsTrain,layers,options);   % 对网络进行训练

%% 步骤 5:将训练好的网络用于对新的输入图像进行分类,并计算准确率
    YPred = classify(net,imdsValidation);
    YValidation = imdsValidation.Labels;
    accuracy = sum(YPred == YValidation)/numel(YValidation)
    ************************************************************
```

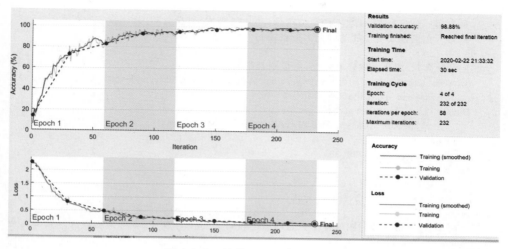

图 4.1.3　例程 4.1.1 的运行结果

| 扩展阅读 |

批量归一化层的作用

　　机器学习领域有个很重要的假设,即假设训练数据和测试数据满足相同的分布,这是通过训练数据获得的模型能够在测试集获得好的效果的基本保证。在使用随机梯度下降来训练网络时,每次参数更新都会导致网络中间每一层的输入的分布发生改变。越深的层,其输入的分布会改变得越明显。就像一栋高楼,低楼层发生一个较小的偏移,都会导致高楼层较大的偏移。加入批量标准化层可以在训练过程中使得每一层神经网络的输入保持相同的分布,以便在训练时提升模型的收敛速度。

　　卷积神经网络的激活函数存在梯度饱和的区域,其原因是激活函数的输入值过大或者过小,其得到的激活函数的梯度值会非常接近 0,使得网络的收敛速度减慢。通过批量归一化层可以缓解梯度饱和的问题,它可以在调用激活函数之前将输入的值归一化到梯度值较大的区域。

| 编程体验 |

改变卷积神经网络的结构

　　编程体验 1:在例程 4.1.1 的基础上去掉批量归一化层,看看网络识别的分类效果如何。请读者自行验证例程 4.1.2 的运行效果。

　　例程 4.1.2

```
*************************************************************************
%% 程序说明
% 例程 4.1.2
```

```matlab
% 功能: 对含有 0~9 数字的二值图像(28×28 像素)进行分类,并计算分类准确率
% 注: 在例程 4.1.1 的基础上去掉批量归一化层

%% 步骤 1: 加载图像样本数据,并显示其中的部分图像
digitDatasetPath = fullfile(matlabroot,'toolbox','nnet','nndemos', ...
    'nndatasets','DigitDataset');
imds = imageDatastore(digitDatasetPath, ...
    'IncludeSubfolders',true,'LabelSource','foldernames');
figure;
perm = randperm(10000,20); .
for i = 1:20
    subplot(4,5,i);
    imshow(imds.Files{perm(i)});
end
%% 步骤 2: 将加载的图像样本分为训练集和测试集(在本例中,训练集的数量为750,其余
% 的为测试集)
numTrainFiles = 750;
[imdsTrain,imdsValidation] = splitEachLabel(imds,numTrainFiles,'randomize');
%% 步骤 3: 构建网络(注: 不包含归一化层)
layers = [
imageInputLayer([28 28 1])
    convolution2dLayer([3 3],8,'Padding','same')
    reluLayer
    maxPooling2dLayer(2,'Stride',2)

    convolution2dLayer([3 3],16,'Padding','same')
    reluLayer
maxPooling2dLayer(2,'Stride',2)

    fullyConnectedLayer(10)
    softmaxLayer
    classificationLayer];
%% 步骤 4: 配置训练选项并开始训练
    options = trainingOptions('sgdm', ...
    'InitialLearnRate',0.01, ...
    'MaxEpochs',4, ...
    'Shuffle','every-epoch', ...
    'ValidationData',imdsValidation, ...
    'ValidationFrequency',30, ...
    'Verbose',false, ...
    'Plots','training-progress');                    % 配置训练选项

    net = trainNetwork(imdsTrain,layers,options);    % 对网络进行训练

%% 步骤 5: 将训练好的网络用于对新的输入图像进行分类,并计算准确率
    YPred = classify(net,imdsValidation);
    YValidation = imdsValidation.Labels;
    accuracy = sum(YPred == YValidation)/numel(YValidation)
    ********************************************************************
```

　　编程体验 2：在例程 4.1.1 的基础上去掉第二个卷积层及后续相关的运算,看看卷积网络分类的效果如何。请读者自行验证例程 4.1.3 的运行效果。

例程 4.1.3

```
****************************************************
%% 程序说明
% 例程 4.1.3
% 功能：对含有 0～9 数字的二值图像(28×28 像素)进行分类,并计算分类准确率
% 注：在例程 4.1.1 的基础上去掉了一个卷积层及后续运算

%% 步骤 1: 加载图像样本数据,并显示其中的部分图像
digitDatasetPath = fullfile(matlabroot,'toolbox','nnet','nndemos', ...
    'nndatasets','DigitDataset');
imds = imageDatastore(digitDatasetPath, ...
    'IncludeSubfolders',true,'LabelSource','foldernames');
figure;
perm = randperm(10000,20);
for i = 1:20
    subplot(4,5,i);
    imshow(imds.Files{perm(i)});
end
%% 步骤 2: 将加载的图像样本分为训练集和测试集(在本例中,训练集的数量为750,其余
% 的为测试集)
numTrainFiles = 750;
[imdsTrain,imdsValidation] = splitEachLabel(imds,numTrainFiles,'randomize');
%% 步骤 3: 构建网络(注：已去掉了一个卷积层及后续运算)
layers = [
imageInputLayer([28 28 1])
    convolution2dLayer([3 3],8,'Padding','same')
    batchNormalizationLayer
    reluLayer
    maxPooling2dLayer(2,'Stride',2)

    fullyConnectedLayer(10)
    softmaxLayer
    classificationLayer];
%% 步骤 4: 配置训练选项并开始训练
    options = trainingOptions('sgdm', ...
    'InitialLearnRate',0.01, ...
    'MaxEpochs',4, ...
    'Shuffle','every-epoch', ...
    'ValidationData',imdsValidation, ...
    'ValidationFrequency',30, ...
    'Verbose',false, ...
    'Plots','training-progress');                   % 配置训练选项

    net = trainNetwork(imdsTrain,layers,options);   % 对网络进行训练
```

```
%% 步骤 5：将训练好的网络用于对新的输入图像进行分类,并计算准确率
    YPred = classify(net,imdsValidation);
    YValidation = imdsValidation.Labels;
    accuracy = sum(YPred == YValidation)/numel(YValidation)
**********************************************************
```

编程体验 3：在例程 4.1.3 的基础上去将卷积层 1 的卷积核的个数改为 4,看看卷积网络识别的效果如何。请读者自行验证例程 4.1.4 的运行效果。

例程 4.1.4

```
**********************************************************
%% 程序说明
% 例程 4.1.4
% 功能：对含有 0~9 数字的二值图像(28×28 像素)进行分类,并计算分类准确率
% 注：在例程 4.1.3 的基础上,将卷积层 1 的卷积核的个数改为 4

%% 步骤 1：加载图像样本数据,并显示其中的部分图像
digitDatasetPath = fullfile(matlabroot,'toolbox','nnet','nndemos', ...
    'nndatasets','DigitDataset');
imds = imageDatastore(digitDatasetPath, ...
    'IncludeSubfolders',true,'LabelSource','foldernames');
figure;
perm = randperm(10000,20);
for i = 1:20
    subplot(4,5,i);
    imshow(imds.Files{perm(i)});
end
%% 步骤 2：将加载的图像样本分为训练集和测试集(在本例中,训练集的数量为 750,剩余
% 的为测试集)
numTrainFiles = 750;
[imdsTrain,imdsValidation] = splitEachLabel(imds,numTrainFiles,'randomize');
%% 步骤 3：构建网络(注：在例程 4.1.3 的基础上,将卷积层 1 的卷积核的个数改为 4)
layers = [
imageInputLayer([28 28 1])
    convolution2dLayer([3 3],4 ,'Padding','same')
    batchNormalizationLayer
    reluLayer
    maxPooling2dLayer(2,'Stride',2)

    fullyConnectedLayer(10)
    softmaxLayer
    classificationLayer];
%% 步骤 4：配置训练选项并开始训练
    options = trainingOptions('sgdm', ...
    'InitialLearnRate',0.01, ...
    'MaxEpochs',4, ...
    'Shuffle','every - epoch', ...
    'ValidationData',imdsValidation, ...
```

```
         'ValidationFrequency',30, ...
         'Verbose',false, ...
         'Plots','training - progress');            % 配置训练选项

    net = trainNetwork(imdsTrain,layers,options);   % 对网络进行训练

%% 步骤 5：将训练好的网络用于对新的输入图像进行分类，并计算准确率
    YPred = classify(net,imdsValidation);
    YValidation = imdsValidation.Labels;
    accuracy = sum(YPred == YValidation)/numel(YValidation)
    ********************************************************************
```

4.2　训练一个用于预测的卷积神经网络

4.1 节介绍了如何利用 MATLAB 中的深度学习工具箱构建一个卷积神经网络，本节主要讲解如何对所构建的卷积神经网络进行训练。

本节重点讲解的内容主要包括：

（1）深度学习工具箱中关于训练卷积神经网络的函数及其使用方法。

（2）如何通过调用深度学习工具箱中的函数来对卷积神经网络进行训练？

（3）改变训练过程中的设置参数，会对训练效果产生什么样的影响？

本节采用实例引导式的讲解方式：通过一个简单的实例，来学习、分析和拓展。

4.2.1　实例需求

例 4.2.1　构建并训练一个卷积神经网络，对输入图像（28×28 像素）中数字的倾斜角度进行预测，计算预测准确率和均方根误差（RMSE）。

部分输入图像如图 4.2.1 所示。

4.2.2　开发步骤

例 4.1.1 可以通过以下 5 个步骤实现：

步骤 1，加载图像样本数据；

步骤 2，将加载的图像样本分为训练集和测试集；

步骤 3，构建卷积神经网络；

步骤 4，配置训练选项并开始训练；

步骤 5，将训练好的网络用于对新的输入图像进行分类，并计算准确率和均方根误差。

■ 温馨提示

本节重点讲解步骤 3、步骤 4 及其所涉及的函数、编程方法，其他步骤所涉及的函数及编程方法将在后续章节中进行讲解。

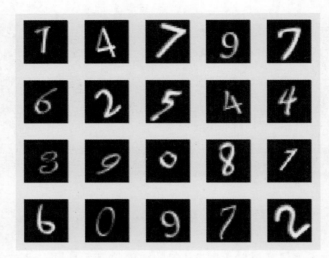

图 4.2.1   部分输入图像

4.2.3   构建卷积神经网络

1. 卷积神经网络的结构

针对 4.2.1 节所提出的需求,构建具有 3 个卷积层的卷积神经网络,网络结构及各部分的参数如表 4.2.1 所示。所设计的卷积网络示意图如图 4.2.2 所示。

表 4.2.1   所设计的卷积神经网络及各部分的参数

名　　称	备　　注
输入	28×28 像素,1 个通道
卷积层 1	卷积核大小为 3×3,卷积核的个数为 8(每个卷积核 1 个通道)卷积的方式采用零填充方式(即设定为 same 方式)
批量归一化层 1	加快训练时网络的收敛速度
非线性激励函数 1	采用 ReLU 函数
池化层 1	池化方式:平均池化;池化区域为 2×2,步长为 2
卷积层 2	卷积核大小为 3×3,卷积核的个数为 16(每个卷积核 8 个通道)卷积的方式采用零填充方式(即设定为 same 方式)
批量归一化层 2	加快训练时网络的收敛速度
非线性激励函数 2	采用 ReLU 函数
池化层 2	池化方式:平均池化;池化区域为 2×2,步长为 2
卷积层 3	卷积核大小为 3×3,卷积核的个数为 32(每个卷积核 16 个通道)卷积的方式采用零填充方式(即设定为 same 方式)
批量归一化层 3	加快训练时网络的收敛速度
非线性激励函数 3	采用 ReLU 函数
Dropout	随机将 20% 的输入置零,防止过拟合(关于 Dropout 的介绍,详见本节的扩展阅读 2)
全连接层	全连接层输出的个数为 1
回归层	用于预测结果

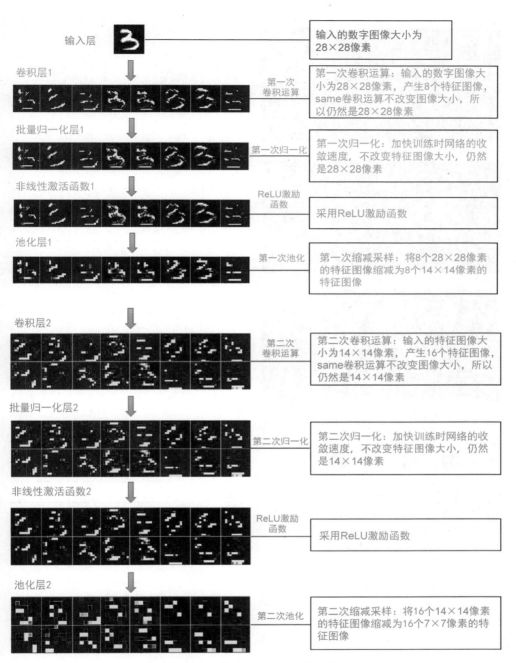

图 4.2.2　所设计的卷积网络示意图

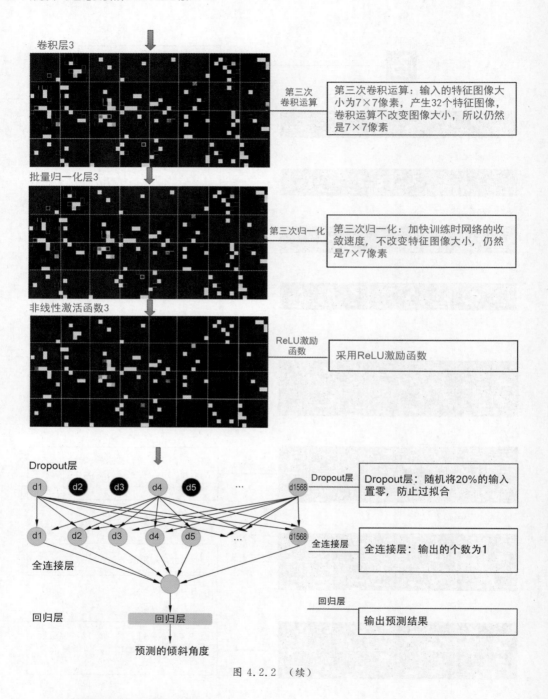

图 4.2.2　（续）

2. 函数解析及程序实现

本节实例涉及的卷积层、批量归一化层、非线性激励函数、最大池化层、全连接层的构建函数及其使用方法详见 4.1 节。

本节详细介绍平均池化层、丢弃层、分类层的构建函数及其使用方法。

1）创建平均池化层：averagePooling2dLayer

功能：对输入的特征图进行二维平均池化。

用法：

用法①

```
layer = averagePooling2dLayer(poolSize)
```

输入：poolSize 为池化区域的大小。

输出：平均池化层。

用法②

```
layer = averagePooling2dLayer(poolSize,Name,Value)
```

可以通过指定"名称-取值"对（Name 和 Value）来配置特定属性（将每种属性名称括在单引号中），具体含义如表 4.2.2 所示。

表 4.2.2　averagePooling2dLayer 函数的参数含义

名　　称	含　　义
Name	层名
Stride	步长，默认值为[1 1]

例如：

```
averagePooling2dLayer(2,'Stride',2)
```

这个语句实现的功能为：创建一个平均池化层，池化层的区域为 2×2，进行池化运算的步长为 2。

2）创建 dropout 层：dropoutLayer 函数

功能：创建一个随机失活（dropout）层，该层按给定的概率随机地将输入元素设置为零。

用法：

用法①

```
layer = dropoutLayer
```

该用法是将输入元素以 50% 的概率随机置零。

用法②

```
layer = dropoutLayer(probability)
```

输入：随机置零的概率。

输出：随机失活层。

例如：dropoutLayer(0.2)

这个语句实现的功能为：创建一个丢弃层，将输入元素以 20% 的概率随机置零。

3）创建回归层：regressionLayer 函数

功能：创建一个回归(regression)层。

用法：layer = regressionLayer

采用前面介绍的函数，实现表 4.2.1 所示的卷积神经网络的程序代码如下：

```
layers = [
imageInputLayer([28 28 1])

    convolution2dLayer(3,8,'Padding','same')
batchNormalizationLayer
    reluLayer
averagePooling2dLayer(2,'Stride',2)

    convolution2dLayer(3,16,'Padding','same')
batchNormalizationLayer
   reluLayer
averagePooling2dLayer(2,'Stride',2)

   convolution2dLayer(3,32,'Padding','same')
batchNormalizationLayer
   reluLayer

   dropoutLayer(0.2)
fullyConnectedLayer(1)
   regressionLayer ];
```

4.2.4　训练卷积神经网络

1. 参数配置函数解析及程序实现

参数配置函数：trainingOptions 函数

功能：用于设定网络训练的配置选项。

用法：

用法①

```
options = trainingOptions(solverName)
```

输入：solverName 用来指定训练方法，可以将其设置为'adam'、'rmsprop'、'sgdm'。

输出：options 为用于网络训练的配置选项，作为 trainNetwork 函数的输入参数。

用法②

```
options = trainingOptions(solverName,Name,Value)
```

输入：solverName 指定训练方法，可以将其设置为 'adam'（基于自适应低阶矩估计的随机目标函数一阶梯度优化算法）、'rmsprop'（均方根反向传播）、'sgdm'（动量随机梯度下降）；指定的"名称-取值"对（Name 和 Value），可以给特定属性赋值（将每种属性名称括在单引号中）。按照功能划分的具体含义如表 4.2.3 所示。

表 4.2.3　trainingOptions 函数的参数含义

名　　　称	含　　　义
■绘图与显示	
Plots	绘制图像。当将其设置为 'training-progress' 时，显示训练过程，将其设置为 'none' 时，不显示训练过程。该参数的默认值为 'none'
Verbose	是否在命令窗口显示训练进度。当将其设置为 1（true）时，在命令窗口显示训练进度，当其设置为 0（false）时，在命令窗口不显示训练进度。该参数的默认值为 1（true）
VerboseFrequency	在屏幕上显示训练进度的频率。当 Verbose 被设置为 1（true）时，可以通过设置 VerboseFrequency 来确定显示的频率，默认值为 50
■小批量（Mini-Batch）选项	
MaxEpochs	最大轮数，其默认值为 30 注：在训练或验证过程中，所有训练数据或验证数据都用过一遍，叫作"一轮"（Epoch）
MiniBatchSize	小批量（minibatch）中的样本数，其默认值为 128。 注：小批量样本是指从数据集中选出一部分数据子集，用这些选出来的数据子集来计算一次网络参数更新值，然后再用平均参数更新值来调整整个网络的参数。例如，如果从 1200 个训练数据中任意选出 200 个数据作为小批量中的样本数，那么用这 200 个数据训练一次网络得到一次参数的更新值，进行 6 次（1200/200）次这样的训练，取这 6 次的平均值来调整整个网络的参数。 关于小批量方法的进一步介绍，详见本节的"扩展阅读 2"
Shuffle	数据打乱选项。可将其设置为： 'once'——在训练或验证之前打乱数据； 'never'——不打乱数据； 'every-epoch'——在每一轮训练或验证开始之前打乱数据。 该参数的默认值为 'once'
■验证	

注：在训练深度网络的过程中，验证与训练同时进行。之所以要进行验证，是为了防止用训练数据训练的模型产生过拟合。

如果用训练数据得到的精度远比用测试数据得到的精度高，或用训练数据得到的损失远比用测试数据得到的损失低，则说明网络已经过拟合。

续表

名　　称	含　　义
ValidationData	指定训练期间所用的数据
ValidationFrequency	验证的频率。默认值为 50 次/轮。 即每一轮中计算精度、损失函数(或每一轮中计算精度、均方根误差)的次数
■ 关于学习率的参数设置 注:设置学习率的经验与技巧,详见本节的"扩展阅读 1"	
InitialLearnRate	设定初始的学习率。采用'sgdm'训练方法时,初始学习率的默认值为 0.01;采用'rmsprop'或'adam'训练方法时,初始的学习率为 0.001
LearnRateSchedule	训练期间减小学习率的设置。可将其设置为: 'none'——在训练的过程中,学习率一直保持不变; 'piecewise'——每隔一定周期,学习率减少(乘以一个小于 1 的学习率减少因子)。 其默认值为'none'
LearnRateDropPeriod	减小学习率的周期间隔数,其默认值为 10(即训练 10 轮,学习率减少一次)
LearnRateDropFactor	学习率减小因子,可以将其设置为 0-1 的一个整数。默认值为 0.1。当 LearnRateSchedule 设置为'piecewise'时,可对 LearnRateDropFactor 进行设置
若训练某个网络,InitialLearnRate 设置为 0.01,LearnRate Schedule 设置为'piecewise',LearnRateDropPeriod 设置为 5,LearnRateDropFactor 设置为 0.2,则初始学习率为 0.01,学习率在训练的过程中是变化的,每隔 5 轮,学习率是之前的 0.2 倍。如,从开始 5 轮之后,学习率减小为 $0.01×0.2=0.002$	
■硬件选项	
ExecutionEnvironment	硬件资源设置参数,可以将其设置为: 'auto'——如果运行的计算机上有 GPU,则用 GPU;如果没有,则用 CPU; 'cpu'——设置为采用 CPU 进行训练; 'gpu'——设置为采用 GPU 进行训练; 'multi-gpu'——设置为采用多 GPU 进行训练; 'parallel'——设置为采用并行计算

输出:options 为用于网络训练的配置选项,作为 trainNetwork 函数的输入参数。采用此处介绍的函数,设置卷积网络训练参数配置的程序如下:

```
miniBatchSize = 128;                                    % 小批量中样本量为 128
validationFrequency = floor(numel(YTrain)/miniBatchSize);    % 验证频率
options = trainingOptions('sgdm', ...                   % 设置训练方法,本例中将其设
                                                        % 置为 SGDM 法
    'MiniBatchSize',miniBatchSize, ...                  % 设置小批量中的样本数,本例
                                                        % 中将其设置为 128
```

```
        'MaxEpochs',30, ...                              % 设置最大训练轮数,在本例当
                                                         % 中,最大训练轮数为 30
        'InitialLearnRate',0.001, ...                    % 设置初始学习率为 0.001
        'LearnRateSchedule','piecewise', ...             % 设置初始的学习率是变化的
        'LearnRateDropFactor',0.1, ...                   % 设置学习率减少因子为 0.1
        'LearnRateDropPeriod',20, ...                    % 设置学习率减少周期为 20 轮
        'Shuffle','every – epoch', ...                   % 设置每一轮都打乱数据
        'ValidationData',{XValidation,YValidation}, ...  % 设置验证用得数据
        'ValidationFrequency',validationFrequency, ...   % 设置验证频率
        'Plots','training – progress', ...               % 设置打开训练进度图
        'Verbose',true);                                 % 设置打开命令窗口的输出
```

2. 网络训练函数解析及其程序实现

训练网络函数：trainNetwork 函数

功能：用于训练卷积神经网络。

用法：

用法①

```
trainedNet = trainNetwork(imds,layers,options)
```

输入：imds 训练样本；layers 定义的网络结构；options 定义训练的配置参数。

输出：trainedNet 为训练后的网络。

语法②

```
trainedNet = trainNetwork(X,Y,layers,options)
```

输入：X 为样本值；Y 为标签；layers 为的定义网络结构；options 为定义的训练配置参数。

输出：trainedNet 为训练后的网络。

对于 4.2.3 节构建好的卷积神经网络,可用如下程序进行训练：

```
net = trainNetwork(XTrain,YTrain,layers,options);
```

其中,XTrain 为训练样本值,YTrain 为训练标签,layers 为定义的网络结构,options 为定义的训练配置参数。

■ 经验分享

在训练开始前, 卷积神经网络的初始值如何确定?

MATLAB 深度学习工具箱会将卷积层的权重和全连接层的权重自动设置为随机向量（该向量符合均值为 0, 标准差为 0.01 的高斯分布）, 而偏置的初始值自动设置为 0。

4.2.5　程序实现

满足例 4.2.1 需求的程序代码如例程 4.2.1 所示,其运行效果如图 4.2.3 所示。请读者结合注释仔细理解。

例程 4.2.1

```
**********************************************************
%% 程序说明
% 例程 4.2.1
% 功能:对输入图像中数字的倾斜角度进行预测,计算预测准确率和均方根误差(RMSE)
% 作者: zhaoxch_mail@sina.com
% 时间: 2020 年 2 月 29 日
% 版本: DLTEX2 - V1

%% 清除内存、清除屏幕
clear
clc

%% 步骤 1: 加载和显示图像数据
[XTrain, ~ ,YTrain] = digitTrain4DArrayData;
[XValidation, ~ ,YValidation] = digitTest4DArrayData;

% 随机显示 20 幅训练图像
numTrainImages = numel(YTrain);
figure
idx = randperm(numTrainImages,20);
for i = 1:numel(idx)
    subplot(4,5,i)
    imshow(XTrain(:,:,:,idx(i)))
    drawnow
end

%% 步骤 2:构建卷积神经网络
layers = [
    imageInputLayer([28 28 1])

    convolution2dLayer(3,8,'Padding','same')
    batchNormalizationLayer
    reluLayer
    averagePooling2dLayer(2,'Stride',2)

    convolution2dLayer(3,16,'Padding','same')
    batchNormalizationLayer
    reluLayer
```

```
    averagePooling2dLayer(2,'Stride',2)

    convolution2dLayer(3,32,'Padding','same')
    batchNormalizationLayer
    reluLayer

    dropoutLayer(0.2)
    fullyConnectedLayer(1)
    regressionLayer ];

%% 步骤 3: 配置训练选项
miniBatchSize = 128;
validationFrequency = floor(numel(YTrain)/miniBatchSize);
options = trainingOptions('sgdm', ...
    'MiniBatchSize',miniBatchSize, ...
    'MaxEpochs',30, ...
    'InitialLearnRate',0.001, ...
    'LearnRateSchedule','piecewise', ...
    'LearnRateDropFactor',0.1, ...
    'LearnRateDropPeriod',20, ...
    'Shuffle','every-epoch', ...
    'ValidationData',{XValidation,YValidation}, ...
    'ValidationFrequency',validationFrequency, ...
    'Plots','training-progress', ...
    'Verbose',true);

%% 步骤 4: 训练网络
net = trainNetwork(XTrain,YTrain,layers,options);

%% 步骤 5: 测试与评估
YPredicted = predict(net,XValidation);
predictionError = YValidation - YPredicted;
% 计算准确率
thr = 10;
numCorrect = sum(abs(predictionError) < thr);
numValidationImages = numel(YValidation);
Accuracy = numCorrect/numValidationImages
% 计算 RMSE 的值
squares = predictionError.^2;
RMSE = sqrt(mean(squares))
**********************************************************
```

例程 4.2.1 的训练过程如图 4.2.3 所示。由于在配置选项中,将'Verbose'设置为 true,所以该网络的训练过程也在命令窗口中显示,如表 4.2.4 所示。

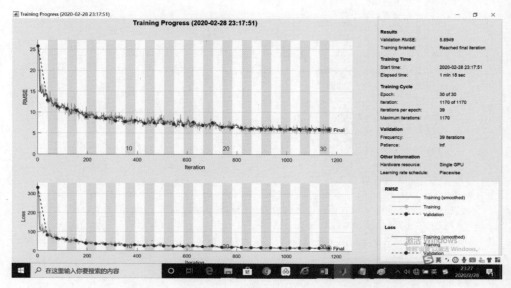

图 4.2.3　例程 4.2.1 的运行效果的可视化线型图

表 4.2.4　例程 4.2.1 的运行效果在命令窗口显示

Epoch	Iteration	Time Elapsed (hh:mm:ss)	Mini-batch RMSE	Validation RMSE	Mini-batch Loss	Validation Loss	Base Learning Rate
1	1	00:00:01	26.06	25.74	339.6205	331.1463	0.0010
1	39	00:00:04	12.93	12.82	83.6429	82.2247	0.0010
2	50	00:00:05	13.82		95.4770		0.0010
2	78	00:00:07	10.85	11.39	58.9010	64.8602	0.0010
3	100	00:00:08	11.66		68.0359		0.0010
3	117	00:00:10	10.58	10.81	56.0009	58.3781	0.0010
4	150	00:00:11	11.73		68.7498		0.0010
4	156	00:00:12	9.43	10.34	44.4818	53.4700	0.0010
5	195	00:00:15	11.32	8.85	64.0378	39.1199	0.0010
6	200	00:00:15	9.78		47.8452		0.0010
6	234	00:00:17	10.00	8.61	49.9645	37.0667	0.0010
7	250	00:00:18	8.77		38.4727		0.0010
7	273	00:00:20	9.18	8.42	42.1777	35.4287	0.0010
8	300	00:00:22	7.85		30.8101		0.0010
8	312	00:00:23	9.85	7.91	48.5191	31.2474	0.0010
9	350	00:00:25	7.96		31.6813		0.0010
9	351	00:00:26	8.10	7.71	32.7998	29.6860	0.0010
10	390	00:00:28	8.56	8.02	36.6199	32.1313	0.0010
11	400	00:00:29	7.06		24.8866		0.0010
11	429	00:00:31	7.48	7.30	27.9790	26.6643	0.0010
12	450	00:00:32	7.56		28.6011		0.0010
12	468	00:00:33	7.58	7.41	28.6914	27.4568	0.0010
13	500	00:00:35	6.78		22.9886		0.0010
13	507	00:00:36	8.37	7.25	35.0304	26.2722	0.0010
14	546	00:00:38	8.80	7.10	38.7343	25.1914	0.0010
15	550	00:00:38	6.95		24.1558		0.0010

续表

Epoch	Iteration	Time Elapsed (hh:mm:ss)	Mini-batch RMSE	Validation RMSE	Mini-batch Loss	Validation Loss	Base Learning Rate
15	585	00:00:40	7.10	6.85	25.1777	23.4374	0.0010
16	600	00:00:41	8.48		35.9524		0.0010
16	624	00:00:43	7.72	7.58	29.7889	28.7298	0.0010
17	650	00:00:44	7.51		28.1783		0.0010
17	663	00:00:45	6.52	6.80	21.2630	23.1523	0.0010
18	700	00:00:47	7.02		24.6591		0.0010
18	702	00:00:48	6.68	7.46	22.3172	27.8554	0.0010
19	741	00:00:50	6.76	6.43	22.8448	20.6445	0.0010
20	750	00:00:51	6.60		21.7611		0.0010
20	780	00:00:53	5.82	6.36	16.9641	20.2506	0.0010
21	800	00:00:55	6.64		22.0759		0.0001
21	819	00:00:56	6.28	6.29	19.6947	19.7581	0.0001
22	850	00:00:58	6.55		21.4825		0.0001
22	858	00:00:58	5.58	6.11	15.5478	18.6736	0.0001
23	897	00:01:01	5.75	6.06	16.5336	18.3323	0.0001
24	900	00:01:01	5.45		14.8681		0.0001
24	936	00:01:03	6.00	6.03	17.9971	18.2046	0.0001
25	950	00:01:04	5.96		17.7692		0.0001
25	975	00:01:06	6.19	6.00	19.1852	17.9729	0.0001
26	1000	00:01:07	5.32		14.1304		0.0001
26	1014	00:01:08	5.93	6.02	17.5597	18.1105	0.0001
27	1050	00:01:10	5.66		15.9924		0.0001
27	1053	00:01:11	5.56	5.95	15.4710	17.7191	0.0001
28	1092	00:01:13	6.47	5.98	20.9168	17.8694	0.0001
29	1100	00:01:14	7.07		24.9953		0.0001
29	1131	00:01:16	5.92	5.94	17.4970	17.6692	0.0001
30	1150	00:01:17	5.90		17.4168		0.0001
30	1170	00:01:18	5.65	5.93	15.9640	17.5896	0.0001

| 扩展阅读 1 |

设置学习率的经验与技巧

好的学习率能够有效地降低损失函数,也就是使损失函数的值能够相对快速地达到"谷底"。如果学习率设置得太大,就可能会直接错过"谷底";如果学习率设置得太小,就可能导致训练速度过慢。

在训练网络的过程中,学习率可以由大逐渐变小,达到缩短训练时间的目的。初始学习率的范围可以设置为 $10^{-1} \sim 10^{-8}$,每隔 5~10 轮可以缩小一次,每次缩小为原来的 $\frac{1}{10}$。

在使用 MATLAB 深度学习工具箱进行卷积神经网络的训练时,当小批量样本的损失值(Mini-batch Loss)显示为 NaN(Not a Number)时,说明学习率设置的太高了,需要重新设置,将其降低。

| 扩展阅读 2 |

随机失活方法(dropout)的作用

在机器学习的模型中,如果模型的参数太多,而训练样本又太少,那么训练出来的模型很容易产生过拟合的现象。在训练卷积神经网络的时候经常会遇到过拟合的问题,过拟合具体表现在:模型在训练数据上损失函数较小,预测准确率较高;但是在测试数据上损失函数比较大,预测准确率较低。

Dropout 可以比较有效地缓解过拟合的发生。Dropout 可以作为训练深度神经网络的一种技巧。在每个训练批次中,通过让一定数量的隐藏节点值为 0,以减少隐藏层节点间的相互作用,从而明显地减少过拟合现象。

| 扩展阅读 3 |

小批量方法(minibatch)的作用

假设有 100 000 个可以训练深度神经网络的样本,如果对每一个样本进行计算并根据误差调整网络的权重,用这些数据对深度神经网络训练一轮,需要调整 100 000 次权重,这种方法叫作随机梯度下降法(SGD)。采用这种方法的优点是权重调整速度快;但存在一个问题:不稳定。为什么会不稳定呢? 因为 100 000 个样本中可能会有少数"差"样本,用这些"差"样本训练出的权重与"好"样本训练的权重差别很大。

为解决随机梯度下降法存在的不稳定性,科研工作者提出了"批量算法"。还是采用上述的 100 000 个样本训练深度网络,对于每一个权重,使用全部数据(100 000 个样本数据)分别计算出权重更新值,然后用这些权重更新值的"平均值"来调整权重。由于采用"取平均"的方法对权重进行更新,因此少数"差样本"的影响得到了抑制,提高了训练的稳定性。但是,由于批量算法每次都用到所有的训练数据,最后只更新一次权重,权重调整速度慢。

小批量方法(minibatch)是随机梯度下降法与批量算法的折中。还是那 100 000 个样本,把它分成 100 组(每组 1000 个样本),用每一组的 1000 个样本分别计算出权重更新值,然后用这 1000 个权重更新值的平均值来调整一次权重。这样用这些数据对深度神经网络训练一轮,共计调整 100 次权重。由于小批量方法能兼顾稳定性和更新速度,因此被广泛应用。

| 编程体验 |

改变网络训练配置参数

编程体验 1:在例程 4.2.1 的基础上将初始学习率设置为 0.01,看看卷积网络识别的预测效果如何。请读者自行验证例程 4.2.2 的运行效果。

例程 4.2.2

```
********************************************************
%% 程序说明
% 例程 4.2.2
% 功能：对输入图像中数字的倾斜角度进行预测,计算预测准确率和均方根误差(RMSE)
% 注：本例中,学习率设置为 0.01
% 作者：zhaoxch_mail@sina.com
% 时间：2020 年 2 月 29 日

%% 清除内存、清除屏幕
clear
clc

%% 步骤 1：加载和显示图像数据
[XTrain,～,YTrain] = digitTrain4DArrayData;
[XValidation,～,YValidation] = digitTest4DArrayData;

% 随机显示 20 幅训练图像
numTrainImages = numel(YTrain);
figure
idx = randperm(numTrainImages,20);
for i = 1:numel(idx)
    subplot(4,5,i)
    imshow(XTrain(:,:,:,idx(i)))
    drawnow
end

%% 步骤 2:构建卷积神经网络
layers = [
    imageInputLayer([28 28 1])

    convolution2dLayer(3,8,'Padding','same')
    batchNormalizationLayer
    reluLayer
    averagePooling2dLayer(2,'Stride',2)

    convolution2dLayer(3,16,'Padding','same')
    batchNormalizationLayer
    reluLayer
    averagePooling2dLayer(2,'Stride',2)

    convolution2dLayer(3,32,'Padding','same')
    batchNormalizationLayer
    reluLayer

    dropoutLayer(0.2)
    fullyConnectedLayer(1)
```

```
    regressionLayer ];

%% 步骤 3: 配置训练选项
miniBatchSize = 128;
validationFrequency = floor(numel(YTrain)/miniBatchSize);
options = trainingOptions('sgdm', ...
    'MiniBatchSize',miniBatchSize, ...
    'MaxEpochs',30, ...
    'InitialLearnRate',0.01, ...          % 将初始学习率设置为 0.01
    'LearnRateSchedule','piecewise', ...
    'LearnRateDropFactor',0.1, ...
    'LearnRateDropPeriod',20, ...
    'Shuffle','every - epoch', ...
    'ValidationData',{XValidation,YValidation}, ...
    'ValidationFrequency',validationFrequency, ...
    'Plots','training - progress', ...
    'Verbose',true);

%% 步骤 4: 训练网络
net = trainNetwork(XTrain,YTrain,layers,options);

%% 步骤 5: 测试与评估
YPredicted = predict(net,XValidation);
predictionError = YValidation - YPredicted;
% 计算准确率
thr = 10;
numCorrect = sum(abs(predictionError) < thr);
numValidationImages = numel(YValidation);
Accuracy = numCorrect/numValidationImages
% 计算 RMSE 的值
squares = predictionError.^2;
RMSE = sqrt(mean(squares))
*******************************************************************
```

编程体验 2: 在例程 4.2.1 的基础上将训练方法设置为 ADAM, 看看卷积网络识别的预测效果如何。请读者自行验证例程 4.2.3 的运行效果。

例程 4.2.3

```
*******************************************************************
%% 程序说明
% 例程 4.2.3
% 功能: 对输入图像中数字的倾斜角度进行预测,计算预测准确率和均方根误差(RMSE)
% 注: 本例中,训练方法设置为 ADAM
% 作者: zhaoxch_mail@sina.com
% 时间: 2020 年 2 月 29 日

%% 清除内存、清除屏幕
```

```matlab
clear
clc

%% 步骤 1: 加载和显示图像数据
[XTrain,~,YTrain] = digitTrain4DArrayData;
[XValidation,~,YValidation] = digitTest4DArrayData;

% 随机显示 20 幅训练图像
numTrainImages = numel(YTrain);
figure
idx = randperm(numTrainImages,20);
for i = 1:numel(idx)
    subplot(4,5,i)
    imshow(XTrain(:,:,:,idx(i)))
    drawnow
end

%% 步骤 2:构建卷积神经网络
layers = [
    imageInputLayer([28 28 1])

    convolution2dLayer(3,8,'Padding','same')
    batchNormalizationLayer
    reluLayer
    averagePooling2dLayer(2,'Stride',2)

    convolution2dLayer(3,16,'Padding','same')
    batchNormalizationLayer
    reluLayer
    averagePooling2dLayer(2,'Stride',2)

    convolution2dLayer(3,32,'Padding','same')
    batchNormalizationLayer
    reluLayer

    dropoutLayer(0.2)
    fullyConnectedLayer(1)
    regressionLayer ];

%% 步骤 3: 配置训练选项
miniBatchSize = 128;
validationFrequency = floor(numel(YTrain)/miniBatchSize);
options = trainingOptions('adam', ...            % 将训练方法设置为 ADAM
    'MiniBatchSize',miniBatchSize, ...
    'MaxEpochs',30, ...
    'InitialLearnRate',0.001, ...
    'LearnRateSchedule','piecewise', ...
    'LearnRateDropFactor',0.1, ...
    'LearnRateDropPeriod',20, ...
```

```
            'Shuffle', 'every - epoch', ...
            'ValidationData', {XValidation, YValidation}, ...
            'ValidationFrequency', validationFrequency, ...
            'Plots', 'training - progress', ...
            'Verbose', true);

%% 步骤 4: 训练网络
net = trainNetwork(XTrain, YTrain, layers, options);

%% 步骤 5: 测试与评估
YPredicted = predict(net, XValidation);
predictionError = YValidation - YPredicted;
% 计算准确率
thr = 10;
numCorrect = sum(abs(predictionError) < thr);
numValidationImages = numel(YValidation);
Accuracy = numCorrect/numValidationImages
% 计算 RMSE 的值
squares = predictionError.^2;
RMSE = sqrt(mean(squares))
********************************************************
```

编程体验 3: 在例程 4.2.1 的基础上去掉 Dropout 层, 看看卷积网络识别的预测效果如何。请读者自行验证例程 4.2.4 的运行效果。

例程 4.2.4

```
********************************************************
%% 程序说明
% 实例 4.2.4
% 功能: 对输入图像中数字的倾斜角度进行预测, 计算预测准确率和均方根误差(RMSE)
% 注: 本例中, 将 Dropout 层去掉
% 作者: zhaoxch_mail@sina.com
% 时间: 2020 年 2 月 29 日

%% 清除内存、清除屏幕
clear
clc

%% 步骤 1: 加载和显示图像数据
[XTrain, ~, YTrain] = digitTrain4DArrayData;
[XValidation, ~, YValidation] = digitTest4DArrayData;

% 随机显示 20 幅训练图像
numTrainImages = numel(YTrain);
figure
idx = randperm(numTrainImages, 20);
for i = 1:numel(idx)
```

```matlab
    subplot(4,5,i)
    imshow(XTrain(:,:,:,idx(i)))
    drawnow
end
```

%% 步骤 2:构建卷积神经网络
```matlab
layers = [
    imageInputLayer([28 28 1])

    convolution2dLayer(3,8,'Padding','same')
    batchNormalizationLayer
    reluLayer
    averagePooling2dLayer(2,'Stride',2)

    convolution2dLayer(3,16,'Padding','same')
    batchNormalizationLayer
    reluLayer
    averagePooling2dLayer(2,'Stride',2)

    convolution2dLayer(3,32,'Padding','same')
    batchNormalizationLayer
    reluLayer

    fullyConnectedLayer(1)
    regressionLayer ];
```

%% 步骤 3:配置训练选项
```matlab
miniBatchSize = 128;
validationFrequency = floor(numel(YTrain)/miniBatchSize);
options = trainingOptions('sgdm', ...
    'MiniBatchSize',miniBatchSize, ...
    'MaxEpochs',30, ...
    'InitialLearnRate',0.001, ...
    'LearnRateSchedule','piecewise', ...
    'LearnRateDropFactor',0.1, ...
    'LearnRateDropPeriod',20, ...
    'Shuffle','every-epoch', ...
    'ValidationData',{XValidation,YValidation}, ...
    'ValidationFrequency',validationFrequency, ...
    'Plots','training-progress', ...
    'Verbose',true);
```

%% 步骤 4:训练网络
```matlab
net = trainNetwork(XTrain,YTrain,layers,options);
```

%% 步骤 5:测试与评估
```matlab
YPredicted = predict(net,XValidation);
predictionError = YValidation - YPredicted;
% 计算准确率
```

```
thr = 10;
numCorrect = sum(abs(predictionError) < thr);
numValidationImages = numel(YValidation);
Accuracy = numCorrect/numValidationImages
% 计算 RMSE 的值
squares = predictionError.^2;
RMSE = sqrt(mean(squares))
**************************************************************
```

编程体验 4：在例程 4.2.1 的基础上改变网络结构,再增加一个卷积层,看看卷积网络识别的预测效果如何。请读者自行验证例程 4.2.5 的运行效果。

例程 4.2.5

```
**************************************************************
%% 程序说明
% 例程 4.2.5
% 功能:对输入图像中数字的倾斜角度进行预测,计算预测准确率和均方根误差(RMSE)
% 注:本例中,在例程 4.2.1 的基础上增加了一个卷积层
% 作者: zhaoxch_mail@sina.com
% 时间: 2020 年 2 月 29 日

%% 清除内存、清除屏幕
clear
clc

%% 步骤 1: 加载和显示图像数据
[XTrain, ~,YTrain] = digitTrain4DArrayData;
[XValidation, ~,YValidation] = digitTest4DArrayData;

% 随机显示 20 幅训练图像
numTrainImages = numel(YTrain);
figure
idx = randperm(numTrainImages,20);
for i = 1:numel(idx)
    subplot(4,5,i)
    imshow(XTrain(:,:,:,idx(i)))
    drawnow
end

%% 步骤 2:构建卷积神经网络
layers = [
    imageInputLayer([28 28 1])

    convolution2dLayer(3,8,'Padding','same')
    batchNormalizationLayer
    reluLayer
```

```matlab
    averagePooling2dLayer(2,'Stride',2)

    convolution2dLayer(3,16,'Padding','same')
    batchNormalizationLayer
    reluLayer
    averagePooling2dLayer(2,'Stride',2)

    convolution2dLayer(3,32,'Padding','same')
    batchNormalizationLayer
    reluLayer

    convolution2dLayer(3,64,'Padding','same')      % 增加了一个卷积层
    batchNormalizationLayer
    reluLayer


    dropoutLayer(0.2)
    fullyConnectedLayer(1)
    regressionLayer ];
%% 步骤 3: 配置训练选项
miniBatchSize = 128;
validationFrequency = floor(numel(YTrain)/miniBatchSize);
options = trainingOptions('sgdm', ...
    'MiniBatchSize',miniBatchSize, ...
    'MaxEpochs',30, ...
    'InitialLearnRate',0.001, ...
    'LearnRateSchedule','piecewise', ...
    'LearnRateDropFactor',0.1, ...
    'LearnRateDropPeriod',20, ...
    'Shuffle','every-epoch', ...
    'ValidationData',{XValidation,YValidation}, ...
    'ValidationFrequency',validationFrequency, ...
    'Plots','training-progress', ...
    'Verbose',true);

%% 步骤 4: 训练网络
net = trainNetwork(XTrain,YTrain,layers,options);

%% 步骤 5: 测试与评估
YPredicted = predict(net,XValidation);
predictionError = YValidation - YPredicted;
% 计算准确率
thr = 10;
numCorrect = sum(abs(predictionError) < thr);
numValidationImages = numel(YValidation);
Accuracy = numCorrect/numValidationImages
% 计算 RMSE 的值
squares = predictionError.^2;
RMSE = sqrt(mean(squares))
*****************************************************************
```

4.3 采用迁移学习进行物体识别

4.1 节和 4.2 节着重讲解了基于 MATLAB 深度学习工具箱如何构建一个卷积网络以及如何训练一个卷积网络,通过学习知道训练一个复杂的卷积神经网络需要大量的样本和时间。有没有一种方法,让我们在训练时用较少的样本、更短的时间来实现较好的效果呢? 迁移学习就是一个不错的选择。

本节重点讲解以下内容:

(1) 什么是迁移学习?

(2) 基于迁移学习的原理,如何改进已训练好的经典网络并进行训练?

本节采用实例引导式的讲解方式: 通过一个简单的实例,来学习、分析和拓展。

4.3.1 站在巨人的肩膀上——"迁移学习"

在我们的生活中,有很多"举一反三""触类旁通"的例子,比如说学会了骑自行车就很容易会骑摩托车; 学会了用 C 语言编程就很容易学会用 MATLAB 语言编程,这都与"迁移学习"有异曲同工之妙。

迁移学习(Transfer Learning)是一种机器学习方法,它把一个领域(即源领域)的知识,迁移到另外一个领域(即目标领域),使得目标领域能够取得更好的学习效果。

在机器学习领域,迁移学习有很多种。本节主要研究基于共享参数的迁移学习。基于共享参数的迁移学习研究的是如何找到源数据和目标数据的空间模型之间的共同参数或者先验分布,从而可以通过进一步处理,达到知识迁移的目的。这种迁移学习的前提是学习任务中的每个相关模型会共享一些相同的参数或者先验分布。也就是说,并非所有的"迁移"都是有用的,要让"迁移"发挥作用,学习任务之间至少需要相互关联。

本节所研究的"采用迁移学习进行物体识别"是以经典的深度卷积神经网络为基础,通过修改一个已经训练好的深度卷积神经网络模型的最后几层连接层,再使用针对特定问题而建立的小数据集进行训练,以使其能够适用于一个新问题,如图 4.3.1 所示。

4.3.2 实例需求

基于共享参数的迁移学习的原理,对 AlexNet 进行改进,并用样本数据进行训练,实现对输入图像的识别。部分要识别的图像如图 4.3.2 所示。

4.3.3 开发步骤

例 4.3.1 可以通过以下步骤实现,实现过程如图 4.3.3 所示。

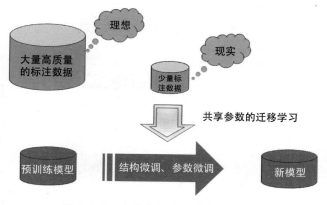

图 4.3.1　共享参数的迁移学习示意图

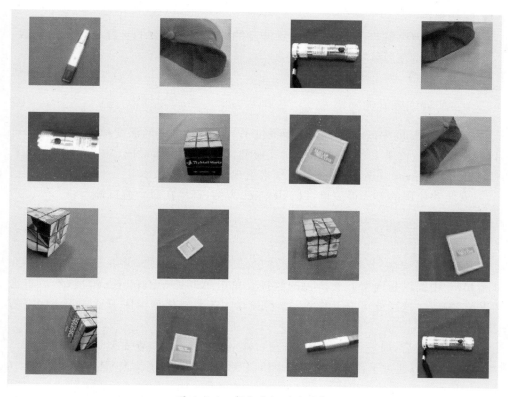

图 4.3.2　部分要识别的图像

步骤 1,加载图像数据,并将其划分为训练集和验证集;

步骤 2,加载预训练好的网络(AlexNet);

步骤 3,对网络结构进行改进;

步骤 4,调整数据集;

步骤 5,训练网络;

步骤 6,进行验证并显示效果(若未达到精度要求,则返回步骤 5)。

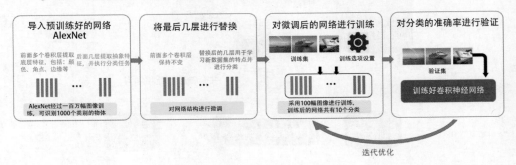

图 4.3.3　例 4.3.1 的实现过程

■ 温馨提示

　　本节重点讲解步骤 3、步骤 4 所涉及的编程方法,其他步骤所涉及的函数及编程方法将在后续章节中进行讲解。

4.3.4　加载训练好的网络

　　MATLAB 的深度学习工具箱中提供了一些预训练好的深度神经网络模型,可以方便地下载、安装和加载这些预训练模型,具体包括 AlexNet、VGG、SqueezeNet、GoogLeNet、Inception、ResNet 等近年来出现的经典网络。

　　安装和使用的方法很简单,以 AlexNet 为例,直接在命令窗口输入:

```
alexnet
```

　　如果从未安装过 AlexNet 的支持包,则该函数会报错,并在显示的 Add-On Explorer 中提供指向所需支持包的链接。单击 Add-On Explorer 链接,然后单击"安装"按钮。这样就可以下载并安装深度学习工具箱模型中用于 AlexNet 网络的支持包。

　　安装完成后,通过再次在命令行窗口输入 alexnet 来检查安装是否成功。

　　例如,可以通过下列语句来把一个预训练好的 alexnet 网络模型保存到 net 中:

```
net = alexnet
```

　　对于其他网络,同样可以通过输入对应的语句来安装和调用预训练好的模型。

4.3.5　如何对网络结构和样本进行微调

　　预训练好的 AlexNet 网络的最后 3 层原本用于对 1000 个类别的物体进行识

别,所以针对新的分类问题,必须调整这 3 层。首先从预训练网络中取出除了最后这 3 层之外的所有层,然后用一个全连接层、一个 Softmax 层和一个分类层替换最后 3 层,以此将原来训练好的网络层迁移到新的分类任务上。根据新数据设定新的全连接层的参数,将全连接层的分类数设置为与新数据中的分类数相同。

　　由于 AlexNet 需要输入的图像大小为 $227 \times 227 \times 3$ 像素,这与训练数据的图像大小和验证数据的图像大小不同,因此,还需要对训练数据的图像大小以及验证数据的图像大小不同进行批量调整。

4.3.6　函数解析

1. augmentedImageDatastore 函数

功能：批量调整图像数据

用法：augimds = augmentedImageDatastore([m n],imds)

输入：[m n]表示将输入图像调整为 m×n 像素的图像；

Imds 表示待批量调整的图像。

输出：augimds 表示批量调整后的图像。

例如,

```
augimdsTrain = augmentedImageDatastore([227 227],imdsTrain)
```

该语句实现了将输入的批量图像 imdsTrain 修改为大小是 227×227 像素的图像。

2. confusionchart 函数

功能：创建混淆矩阵。

用法：cm = confusionchart(trueLabels,predictedLabels)

输入：trueLabels 表示真实类别；

predictLabels 表示预测类别。

输出：cm 表示混淆矩阵。

例如,

```
confusionchart(YValidation,YPred)
```

该语句实现了基于验证数据的真实类别和预测的类别创建一个混淆矩阵。混淆矩阵的行对应真实类,列对应于预测类;对角线对应正确分类的个数,非对角线对应错误分类的个数。

4.3.7　程序实现及运行效果

　　满足 4.3.2 节实例需求的程序代码如例程 4.3.1 所示,其运行效果如图 4.3.5、图 4.3.6 所示,网络的训练及验证过程如图 4.3.7 所示。请读者结合注释仔细理解。

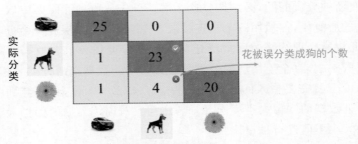

花被误分类成狗的个数

卷积神经网络的分类

图 4.3.4   混淆矩阵示意图

例程 4.3.1

```
**************************************************************
%% 程序说明

% 例程 4.3.1
% 功能：基于共享参数的迁移学习的原理,对 AlexNet 进行改进,并用样本数据进行训练,
实现对输入图像的识别
% 作者：zhaoxch_mail@sina.com
% 时间：2020 年 3 月 1 日

%% 步骤 1: 加载图像数据,并将其划分为训练集和验证集

% 加载图像数据
unzip('MerchData.zip');
imds = imageDatastore('MerchData', ...
    'IncludeSubfolders',true, ...
    'LabelSource','foldernames');

% 划分验证集和训练集
[imdsTrain,imdsValidation] = splitEachLabel(imds,0.7,'randomized');

% 随机显示训练集中的部分图像
numTrainImages = numel(imdsTrain.Labels);
idx = randperm(numTrainImages,16);
figure
for i = 1:16
    subplot(4,4,i)
    I = readimage(imdsTrain,idx(i));
    imshow(I)
end

%% 步骤 2: 加载预训练好的网络

% 加载 alexnet 网络(注：该网络需要提前下载,当输入下面命令时按要求下载即可)
```

```
net = alexnet;

%% 步骤 3: 对网络结构进行改进

% 保留 AlexNet 倒数第三层之前的网络
layersTransfer = net.Layers(1:end - 3);

% 确定训练数据中需要分类的种类
numClasses = numel(categories(imdsTrain.Labels));

% 构建新的网络,保留 AlexNet 倒数第三层之前的网络,在此之后重新添加了全连接层
layers = [
    layersTransfer                      % 保留 AlexNet 倒数第三层之前的网络
    fullyConnectedLayer(numClasses)%  将全连接层的输出设置为训练数据中的种类
    softmaxLayer                        % 添加新的 Softmax 层
    classificationLayer ];              % 添加新的分类层

%% 调整数据集

% 查看网络输入层的大小和通道数
inputSize = net.Layers(1).InputSize;

% 将批量训练图像的大小调整为与输入层的大小相同
augimdsTrain = augmentedImageDatastore(inputSize(1:2),imdsTrain);
% 将批量验证图像的大小调整为与输入层的大小相同
augimdsValidation = augmentedImageDatastore(inputSize(1:2),imdsValidation);

%% 对网络进行训练

% 对训练参数进行设置
options = trainingOptions('sgdm', ...
    'MiniBatchSize',15, ...
    'MaxEpochs',10, ...
    'InitialLearnRate',0.00005, ...
    'Shuffle','every - epoch', ...
    'ValidationData',augimdsValidation, ...
    'ValidationFrequency',3, ...
    'Verbose',true, ...
    'Plots','training - progress');

% 用训练集对网络进行训练
    netTransfer = trainNetwork(augimdsTrain,layers,options);

%% 验证并显示结果

% 对训练好的网络采用验证集进行验证
```

```
[YPred,scores] = classify(netTransfer,augimdsValidation);

% 随机显示验证效果
idx = randperm(numel(imdsValidation.Files),4);
figure
for i = 1:4
    subplot(2,2,i)
    I = readimage(imdsValidation,idx(i));
    imshow(I)
    label = YPred(idx(i));
    title(string(label));
end

%% 计算分类准确率
YValidation = imdsValidation.Labels;
accuracy = mean(YPred == YValidation)

%% 创建并显示混淆矩阵
figure
confusionchart(YValidation,YPred)
*********************************************************************
```

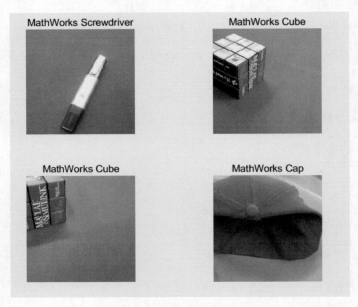

图 4.3.5　随机显示验证效果

　　由于在配置选项中,将'Verbose'设置为 true,所以该网络的训练和验证过程也在命令窗口中显示,如表 4.3.1 所示。

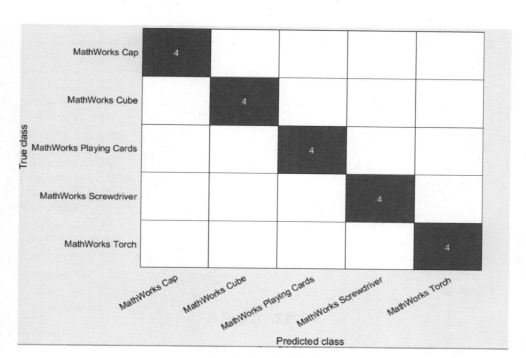

图 4.3.6　混淆矩阵图

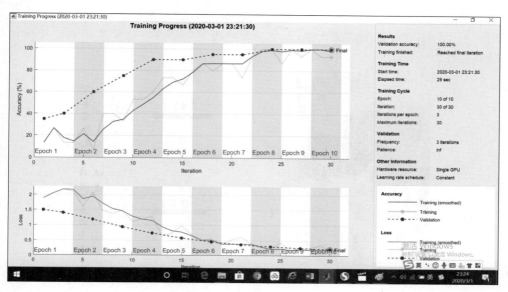

图 4.3.7　网络的训练过程

表 4.3.1　例程 4.3.1 的运行效果在命令窗口显示

Epoch	Iteration	Time Elapsed (hh:mm:ss)	Mini-batch Accuracy	Validation Accuracy	Mini-batch Loss	Validation Loss	Base Learning Rate
1	1	00:00:01	13.33%	35.00%	1.8918	1.4994	5.0000e−05
1	3	00:00:04	13.33%	40.00%	2.1790	1.4071	5.0000e−05
2	6	00:00:06	6.67%	60.00%	2.0747	1.1881	5.0000e−05
3	9	00:00:09	33.33%	75.00%	1.4825	0.9426	5.0000e−05
4	12	00:00:12	60.00%	90.00%	1.2822	0.7370	5.0000e−05
5	15	00:00:15	66.67%	90.00%	0.9810	0.5769	5.0000e−05
6	18	00:00:18	80.00%	95.00%	0.5586	0.4548	5.0000e−05
7	21	00:00:21	73.33%	95.00%	0.6235	0.3670	5.0000e−05
8	24	00:00:24	100.00%	100.00%	0.2077	0.3015	5.0000e−05
9	27	00:00:26	93.33%	100.00%	0.2431	0.2541	5.0000e−05
10	30	00:00:29	93.33%	100.00%	0.2115	0.2179	5.0000e−05

| 扩展阅读 |

多角度看"迁移学习"

通过本节的介绍，对迁移学习的原理和实现过程有了一定的了解。其实，在我们的生活中，很多时候都会用到迁移学习。比如说，如图 4.3.8 所示，在汉字的学习过程中，我们记住了"老"字，那么在学"孝"字的时候就简单得多，因为把"老"字下面的"匕"换成"子"，就变成了"孝"；再比如说，在"帅"字上加一横，就变成了"师"字，因此，学会写"帅"字之后，也很容易学会写"师"字。这些不都是迁移学习的体现吗？

图 4.3.8　学习汉字中的迁移学习实例

从心理学角度上讲，对某一项技能的学习能够对其他技能产生积极影响——这种效应即为迁移学习。因此，生活中的很多"触类旁通"的现象都可以用这一效应来解释。迁移学习不仅存在于人类智能领域,对人工智能同样如此。如今,迁移学习已成为人工智能领域的热点研究领域之一,具有广泛的应用前景。

　　下面从卷积神经网络的结构及其仿生学原理进一步理解"迁移学习"。通过3.2 节的讲解,我们知道卷积神经网络在进行物体识别的过程中可以自动提取特征并根据特征进行分类。假设通过大量样本的训练,已经使某一卷积神经网络具有识别汽车的能力,那么这个模型很可能已经能够"认知"轮子等特征,在此基础上,只需要对该网络进行微调并采用少量样本的自行车训练,便能够使这个网络在短时间内具备识别自行车的能力,如图 4.3.9 所示。从仿生学的角度来看,卷积神

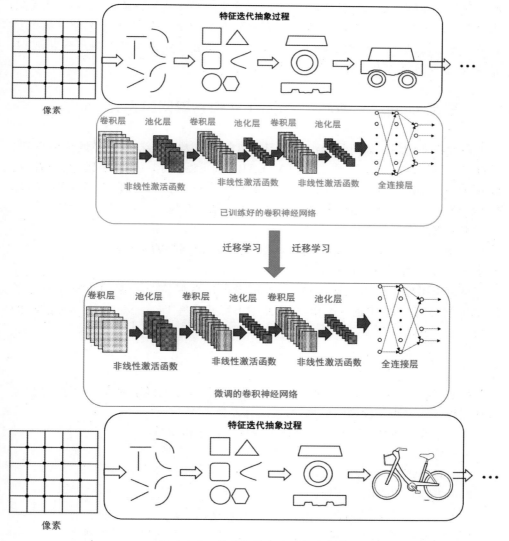

图 4.3.9　迁移学习直观理解示意图

经网络是一种模仿大脑的视觉皮层工作原理的深度神经网络；卷积神经网络提取的特征是一层层抽象的，越是底层的特征越基本——底层的卷积层"学习"到角点、边缘、颜色、纹理等共性特征，越往高层越抽象、越复杂，到了顶层附近学习到的特征可以大概描述一个物体了，这样的抽象特征，称为语义特征。在一些任务中，可用于训练的数据样本很少，如果从头训练一个卷积神经网络模型，效果不是很好。在这种情况下，就可以利用别人已经训练好的卷积神经网络模型，然后尝试改变该模型语义层的参数即可。

从统计学的角度看，即使不同的数据，也有一部分共性。如果把卷积神经网络的学习过程粗略地分成两部分，那么第一部分重点关注共性特征，第二部分才是具体任务。从这个角度来说，其实很多数据或任务都是相关的，只要能先学习到这些任务或数据之间的共性，然后再泛化到每一个具体任务就简单了很多。所以，很多时候，迁移学习也常和多任务学习一起出现。

4.4　采用 Deep Network Designer 实现卷积网络设计

前面详细介绍了如何利用深度学习工具箱的函数进行卷积神经网络的构造、训练以及如何进行迁移学习。在 MATLAB 中，还提供了一个便于设计、查看、检验深度网络的工具——Deep Network Designer。本节着重介绍采用 Deep Network Designer 进行卷积神经网络设计的方法与步骤。

本节重点讲解如下内容：
- 采用 Deep Network Designer 进行卷积神经网络的交互设计；
- 对所设计的深度网络进行检验。

本节采用操作指引式的讲授方式，读者可以按照本节介绍的步骤在自己的MATLAB 开发环境中进行操作，在实践中了解并掌握 Deep Network Designer 的使用方法和操作技巧。

4.4.1　什么是 Deep Network Designer

Deep Network Designer 是一款基于模块化设计深度网络的应用程序，可以通过拖曳模块来实现深度网络的构建，其具体功能如下：

（1）导入预训练网络并对其进行编辑以进行迁移学习；

（2）构建新网络；

（3）对网络结构进行改进；

（4）查看并编辑网络属性；

（5）分析、检验所设计网络的正确性、合理性；

（6）完成网络设计后，可将其导出到工作区，在命令窗口中训练网络。

4.4.2　如何打开 Deep Network Designer

方式 1：在 MATLAB 的命令窗口输入如下代码：

```
deepNetworkDesigner
```

方式 2：通过单击相应的图标进入，如图 4.4.1 所示。

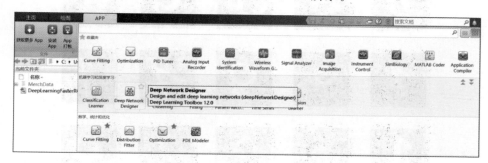

图 4.4.1　通过单击相应的图标进入

Deep Network Designer 的界面及各区域的功能如图 4.4.2 所示。

图 4.4.2　Deep Network Designer 的界面及各区域的功能

4.4.3　需求实例

基于 Deep Network Designer 构建一个卷积神经网络，可实现对输入的含有数字 0～9 的二值图像（28×28 像素）进行分类，并计算分类准确率。

部分输入图像如图 4.4.3 所示。

4.4.4　在 Deep Network Designer 中构建卷积神经网络

针对 4.4.3 节的需求，所设计的卷积神经网络如表 4.4.1 所示。

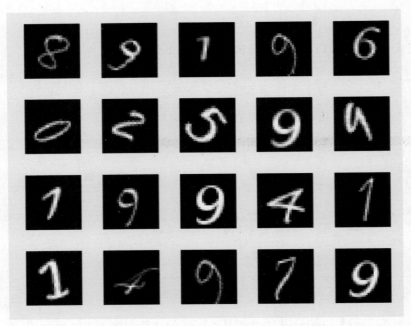

图 4.4.3 部分输入图像

表 4.4.1 所设计的卷积神经网络及各部分的参数

名　称	备　注
输入	28×28 像素,1 个通道
卷积层 1	卷积核大小为 3×3,卷积核的个数为 32(每个卷积核 1 个通道)卷积的方式采用零填充方式(即设定为 same 方式)
批量归一化层 1	加快训练时网络的收敛速度
非线性激励函数 1	采用 ReLU 函数
池化层 1	池化方式:最大池化;池化区域为 2×2,步长为 1
卷积层 2	卷积核大小为 3×3,卷积核的个数为 32(每个卷积核 32 个通道)卷积的方式采用零填充方式(即设定为 same 方式)
批量归一化层 2	加快训练时网络的收敛速度
非线性激励函数 2	采用 ReLU 函数
池化层 2	池化方式:最大池化;池化区域为 2×2,步长为 2
全连接层	全连接层输出的个数为 10 个
Softmax 层	得出全连接层每一个输出的概率
分类层	根据概率确定类别

注意:本节参数与 4.1.5 节略有不同,请在实践过程中体会不同参数对网络训练及其效能的影响。

在 Deep Network Designer 中构建表 4.4.1 所示的卷积神经网络,步骤如下:

步骤 1,如图 4.4.4 所示,从模块库中将 ImageInputLayer 模块拖到操作区中,单击该模块,在右侧属性显示区中对其进行参数设置,将其设置为输入图像的大小为 $28×28$,1 个通道。

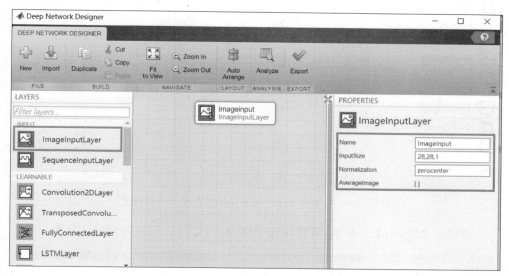

图 4.4.4　构建输入层并对其进行参数设置

步骤 2,如图 4.4.5 所示,从模块库中将 Convolution2DLayer 模块拖到操作区中,单击该模块,在右侧属性显示区中对其进行参数设置,将其设置为:卷积核大小为 $3×3$,卷积核的个数为 32(每个卷积核 1 个通道),卷积的方式采用零填充方式(即设定为 same 方式),其他采用默认设置。

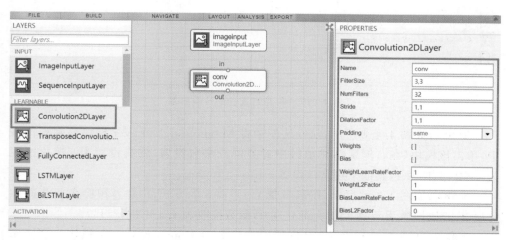

图 4.4.5　构建卷积层 1 并对其进行参数设置

步骤 3,如图 4.4.6 所示,从模块库中将 BatchNormalizationLayer 拖到操作区中,单击该模块,在右侧属性显示区中对其进行参数设置,一般采用默认设置。

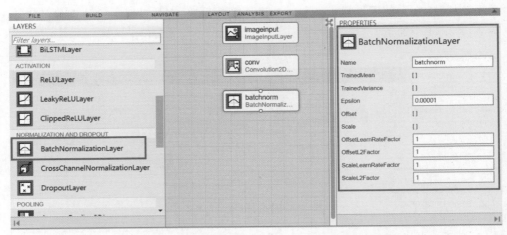

图 4.4.6　构建批量归一化层 1 并对其进行参数设置

步骤 4，如图 4.4.7 所示，从模块库中将 ReLULayer 模块拖到操作区中。

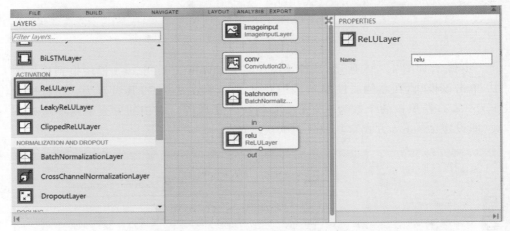

图 4.4.7　构建非线性激活函数层

步骤 5，如图 4.4.8 所示，从模块库中将 MaxPooling2DLayer 模块拖到操作区中，单击该模块，在右侧属性显示区中对其进行参数设置，将其设置为：池化区域为 2×2，步长为 1，其他采用默认设置。

步骤 6，如图 4.4.9 所示，按照步骤 1～步骤 5 的方式，构建卷积层 2、批量归一化层 2、非线性激活函数 2、最大池化层 2，参数按照表 4.4.1 进行设置。

步骤 7，如图 4.4.10 所示，从模块库中将 FullyConnectedLayer 模块拖到操作区中，单击该模块，在右侧属性显示区中对其进行参数设置，将其设置为：输出的个数为 10 个，其他采用默认的设置。

步骤 8，如图 4.4.11 所示，从模块库中将 SoftmaxLayer 拖到操作区中。

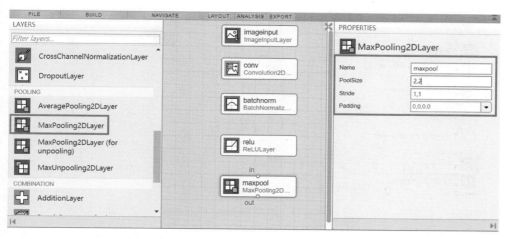

图 4.4.8　构建最大池化层 1 并对其进行参数设置

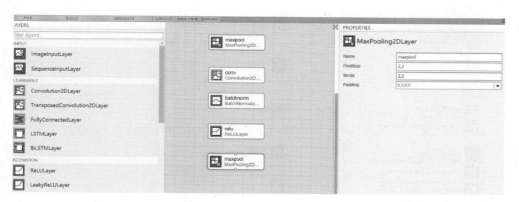

图 4.4.9　构建卷积层 2、批量归一化层 2、非线性激活函数 2、最大池化层 2 并对其进行参数设置

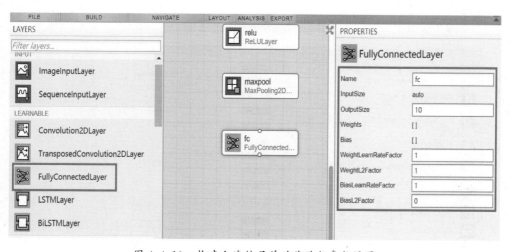

图 4.4.10　构建全连接层并对其进行参数设置

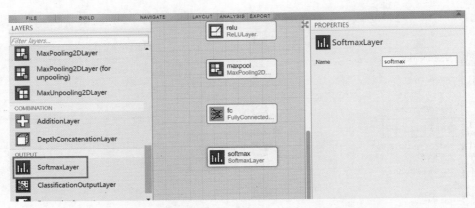

图 4.4.11　构建 SoftmaxLayer 层

步骤 9，如图 4.4.12 所示，从模块库中将 ClassificationOutputLayer 拖到操作区中。

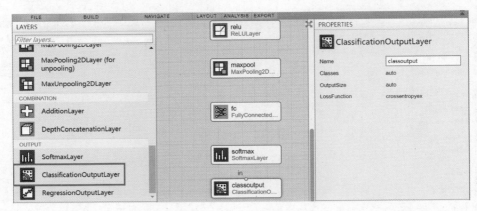

图 4.4.12　构建分类层

步骤 10，如图 4.4.13 所示，将各层顺序依次连接。

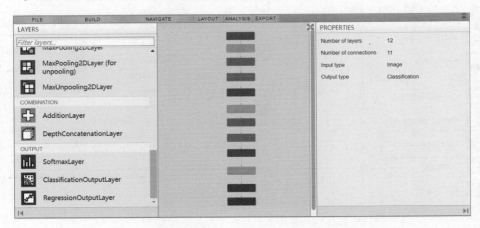

图 4.4.13　将各层顺序依次连接

步骤 11,如图 4.4.14 所示,单击控制面板上的 Analyze(🔍)按钮,对所设计的网络进行检查,检查结果如图 4.4.15 所示。由检查结果可知,卷积网络设计正确。

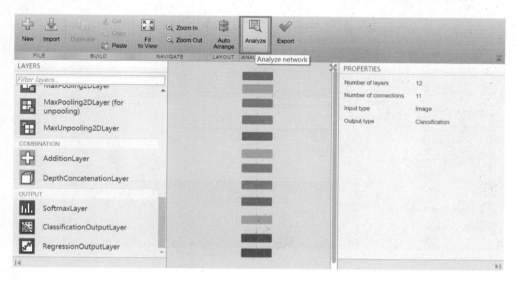

图 4.4.14 对网络进行检查

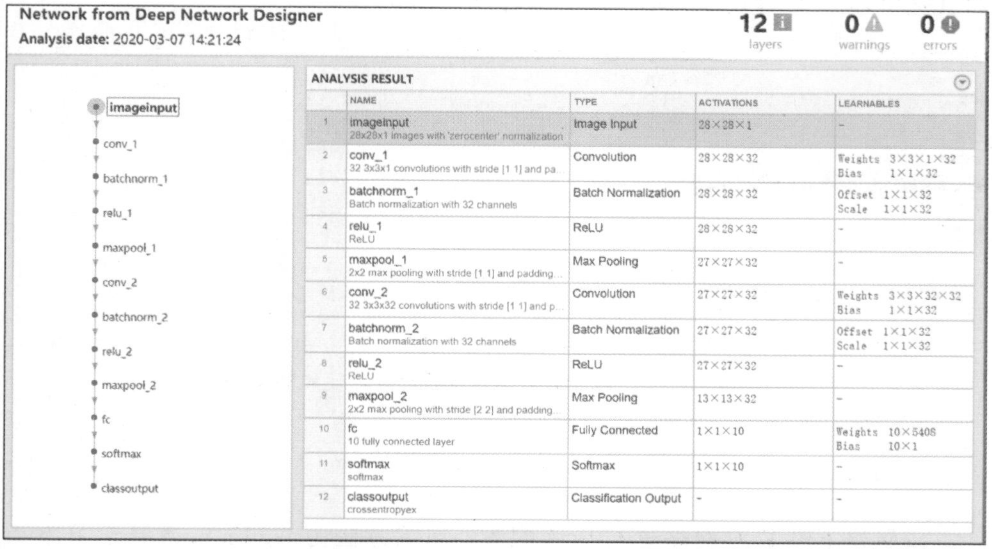

图 4.4.15 网络检查结果

步骤 12,如图 4.4.16 所示,单击导出 📤(Export),会将网络导出到工作区(workspace),并默认名为 lgraph_1。

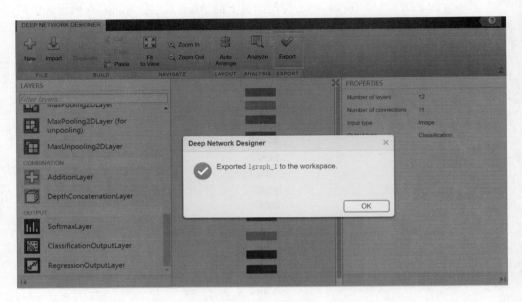

图 4.4.16　将网络导出到工作区

步骤 13，如图 4.4.17 所示。对于导出到工作区的卷积神经网络，在工作区中将其选中，通过右键快捷菜单将其重命名为 covnet1。

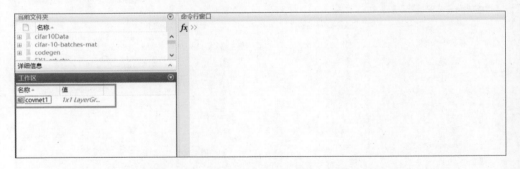

图 4.4.17　对导出到工作区的网络进行重命名

4.4.5　对网络进行训练与验证

按照如下参数对网络进行训练配置：训练方法为'sgdm'，初始学习率为0.0005，最大轮数为 6，每轮训练都随机打乱数据，验证的频率为 30 次/轮。

训练及验证的过程如例程 4.4.1 所示，网络的训练及验证过程如图 4.4.18 所示。请读者结合 4.3 节讲解的内容及注释仔细理解。

例程 4.4.1

```
******************************************************************
%% 程序说明

% 例程 4.4.1
% 功能：对本节的构建的 covnet1 卷积神经网络进行训练
% 作者：zhaoxch_mail@sina.com
% 时间：2020 年 3 月 7 日

%% 步骤 1：加载图像样本数据，并显示其中的部分图像
digitDatasetPath = fullfile(matlabroot,'toolbox','nnet','nndemos', ...
    'nndatasets','DigitDataset');
imds = imageDatastore(digitDatasetPath, ...
    'IncludeSubfolders',true,'LabelSource','foldernames');
figure;
perm = randperm(10000,20);
for i = 1:20
    subplot(4,5,i);
    imshow(imds.Files{perm(i)});
end

%% 步骤 2：将加载的图像样本分为训练集和测试集
numTrainFiles = 750;
[imdsTrain,imdsValidation] = splitEachLabel(imds,numTrainFiles,'randomize');

%% 步骤 3：配置训练选项并开始训练

% 配置训练选项
    options = trainingOptions('sgdm', ...
    'InitialLearnRate',0.0005, ...
    'MaxEpochs',6, ...
    'Shuffle','every-epoch', ...
    'ValidationData',imdsValidation, ...
    'ValidationFrequency',30, ...
    'Verbose',true, ...
    'Plots','training-progress');

% 对网络进行训练
    net = trainNetwork(imdsTrain,covnet1,options);

%% 步骤 4：将训练好的网络用于对新的输入图像进行分类，并计算准确率
    YPred = classify(net,imdsValidation);
    YValidation = imdsValidation.Labels;
    accuracy = sum(YPred == YValidation)/numel(YValidation)
******************************************************************
```

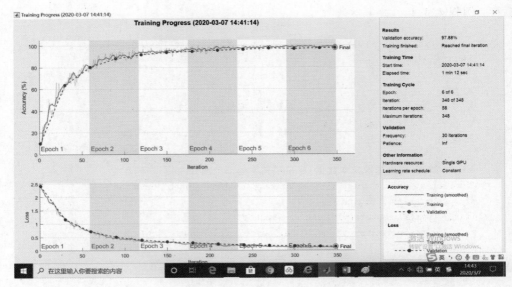

图 4.4.18   网络的训练过程

由于在配置选项中,将'Verbose'设置为 true,所以该网络的训练和验证过程也在命令窗口中显示,如表 4.4.2 所示。

表 4.4.2   例程 4.4.1 的运行效果在命令窗口显示

Epoch	Iteration	Time Elapsed (hh:mm:ss)	Mini-batch Accuracy	Validation Accuracy	Mini-batch Loss	Validation Loss	Base Learning Rate
1	1	00:00:02	8.59 %	10.20 %	2.4095	2.4171	0.0005
1	30	00:00:07	62.50 %	63.72 %	1.2207	1.1620	0.0005
1	50	00:00:10	79.69 %		0.8165		0.0005
2	60	00:00:14	78.91 %	80.28 %	0.7546	0.7191	0.0005
2	90	00:00:20	85.16 %	88.16 %	0.5101	0.5103	0.0005
2	100	00:00:22	91.41 %		0.4271		0.0005
3	120	00:00:26	94.53 %	91.68 %	0.3050	0.3977	0.0005
3	150	00:00:33	97.66 %	93.76 %	0.2553	0.3295	0.0005
4	180	00:00:40	99.22 %	94.60 %	0.1990	0.2893	0.0005
4	200	00:00:43	98.44 %		0.2190		0.0005
4	210	00:00:46	96.88 %	95.60 %	0.1974	0.2438	0.0005
5	240	00:00:51	100.00 %	96.44 %	0.1587	0.2102	0.0005
5	250	00:00:53	96.88 %		0.2171		0.0005
5	270	00:00:57	97.66 %	97.52 %	0.1795	0.1847	0.0005
6	300	00:01:02	97.66 %	97.08 %	0.1375	0.1720	0.0005
6	330	00:01:08	98.44 %	97.60 %	0.1350	0.1571	0.0005
6	348	00:01:12	100.00 %	97.80 %	0.1050	0.1495	0.0005

4.4.6　Deep Network Designer 的检验功能

如图 4.4.19 所示,如果出现网络的最后一层没有连接,则单击控制面板上的 Analyze (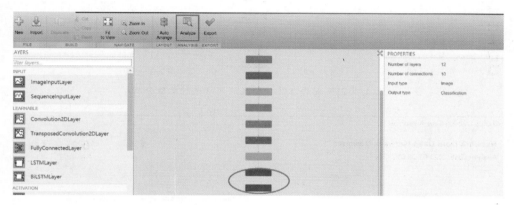)按钮,对所设计的网络进行检查,检查结果如图 4.4.20 所示,可以按照提示进行改进。

图 4.4.19　对存在漏连接的网络进行检验分析

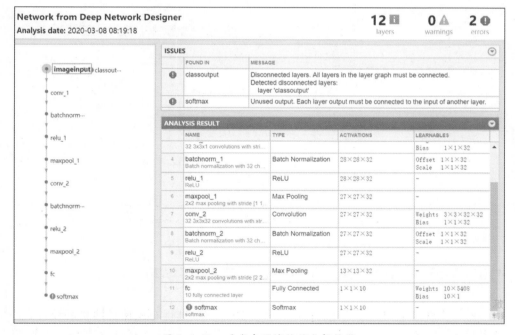

图 4.4.20　对存在漏连接的分析结果

如果出现如图 4.4.21 所示的错误连接,则单击控制面板上的 Analyze ( )按钮,对网络进行检查,也会出现错误提示,如图 4.4.22 所示。

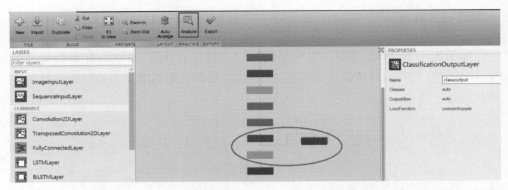

图 4.4.21　对存在连接错误的网络进行检验分析

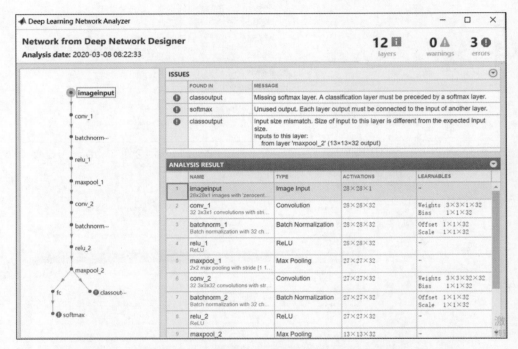

图 4.4.22　对存在连接错误的网络的分析结果

4.5　采用 Deep Network Designer 实现迁移学习

4.4 节讲解了如何采用 Deep Network Designer 进行卷积神经网络的设计，在此基础上，本节重点介绍如何采用 Deep Network Designer 实现迁移学习。本节所采用的实例与 4.3 节相同，解决思路和方法也与 4.3 节相同。

本节采用步骤指引式的讲解方式，读者朋友可以按照文中的步骤进行操作，在操作中学习、体会。

4.5.1　基于 Deep Network Designer 的网络结构调整

步骤 1，加载预训练网络。

加载一个预训练的 AlexNet 网络。在 MATLAB 的命令窗口输入如下代码：

```
net = alexnet;
```

步骤 2，将网络导入 Deep Network Designer。

在命令窗口中输入以下命令打开 Deep Network Designer。在 MATLAB 的命令窗口输入如下代码：

```
deepNetworkDesigner
```

注意：步骤 2 也可以通过单击相应的图标进入，如图 4.5.1 所示。

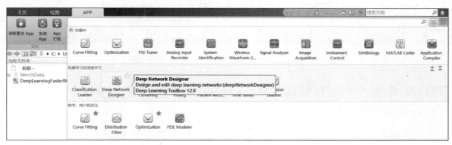

图 4.5.1　通过单击相应的图标进入

进入后 Deep Network Designer 的界面如图 4.5.2 所示。

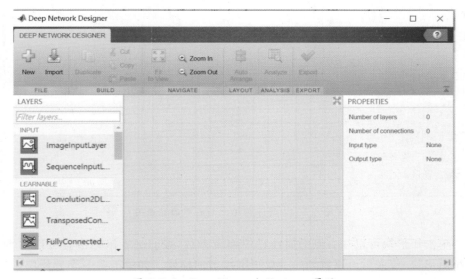

图 4.5.2　Deep Network Designer 界面

单击 Import 按钮（　），导入刚刚加载的网络，如图 4.5.3 所示，单击 OK 按钮。

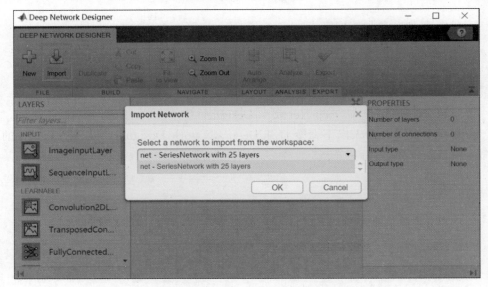

图 4.5.3　通过 Import 按钮导入网络

可以看到，整个网络结构以可视化的形式呈现在设计区中，每个彩色矩形块代表一层，右侧显示网络属性，如图 4.5.4 所示。

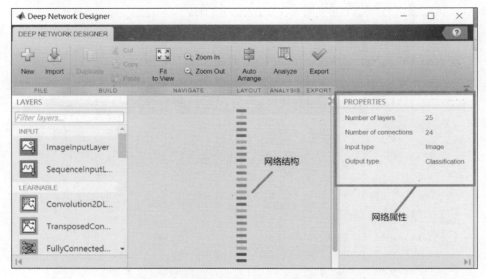

图 4.5.4　导入网络之后的界面显示图

单击矩形块可以在右侧的属性栏中编辑参数，按 Ctrl＋鼠标滚轮可以放大或缩小矩形块，放大后可以看到每一层更加细节的描述。如单击第一个卷积层，并将其放大,右侧便显示出该层的属性及参数,如图 4.5.5 所示。

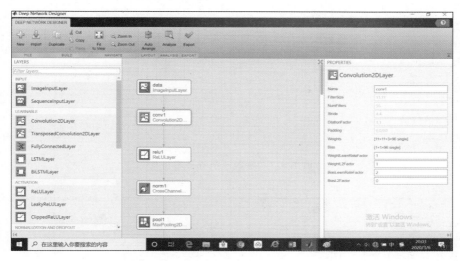

图 4.5.5　单击第一个卷积层并将其放大的界面效果示意图

步骤 3,调整网络结构。

预训练好的 Alex Net 网络的最后 3 层原本用于对 1000 个类别的物体进行识别,所以针对新的分类问题,必须调整这 3 层。

同时选中最后 3 层,将其删除,如图 4.5.6 所示。

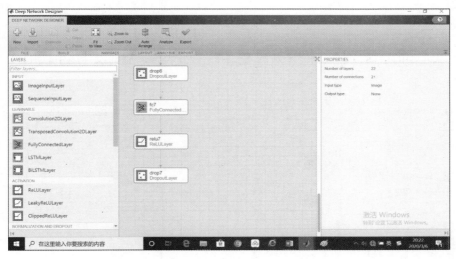

图 4.5.6　将最后 3 层删除后的效果图

从左侧的层面板中拖曳一个新的全连接层(FullyConnecte...)到设计区中,然后将 OutputSize 设为新数据集的类别数(在本例中,将其设置为 5),如图 4.5.7 所示。

之后再添加一个新的 Softmax 层,如图 4.5.8 所示。

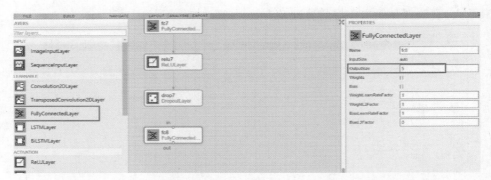

图 4.5.7　添加一个新全连接层

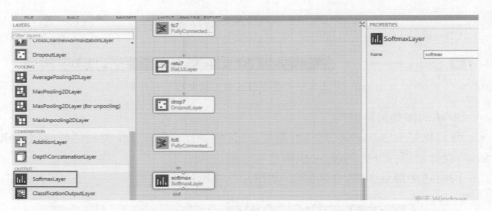

图 4.5.8　添加一个新 Softmax 层

从左侧的层面板中拖曳一个新的 Classification... 分类输出层到设计区中,如图 4.5.9 所示。

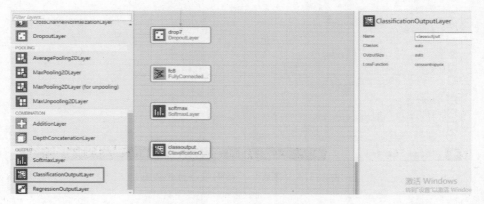

图 4.5.9　添加一个新分类层

顺序连接各新加的层,如图 4.5.10 所示。

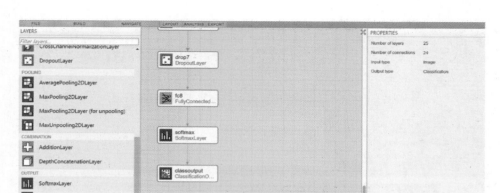

图 4.5.10　顺序连接各新加的层

步骤 4,检查所调整过的网络。

单击分析按钮（），检查结果如图 4.5.11 所示。

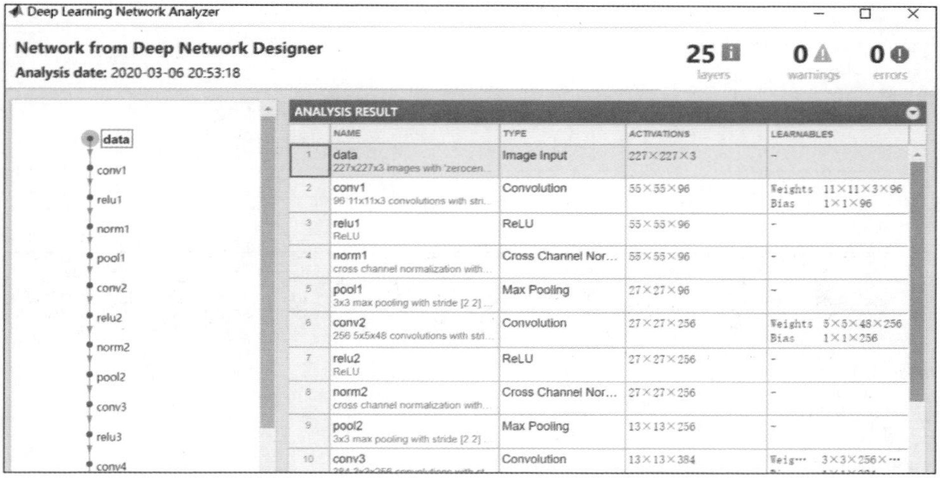

图 4.5.11　检查网络

步骤 5,导出用于训练的网络。

单击导出按钮（），会将网络导出到工作区,并将其命名为 lgraph_1,如图 4.5.12 所示。

对于导出到工作区的卷积神经网络,在工作区中将其选中,通过右键快捷菜单对其重命名,如图 4.5.13 所示。

4.5.2　对网络进行训练

按照如下参数对网络进行训练配置:训练方法为'sgdm',小批量中的样本数为 15,最大轮数为 10,初始的学习率为 0.000 05,每轮都对样本数据进行随机打乱,验证频率为 3 次/轮。

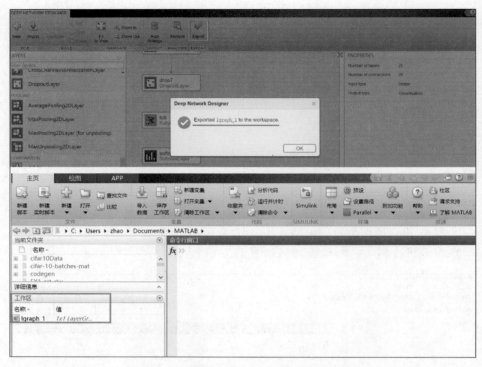

图 4.5.12　将调整结构的网络导出到工作区

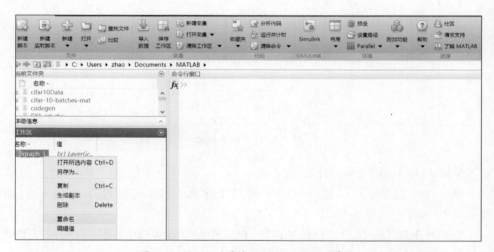

图 4.5.13　可对导出后的网络进行重命名

　　训练及验证的过程如例程 4.5.1 所示，其运行效果如图 4.5.14 和图 4.5.15 所示，网络的训练及验证过程如图 4.5.16 所示。请读者结合 4.3 节讲解的内容及注释仔细理解。

例程 4.5.1

```
****************************************************************
%% 程序说明

% 例程 4.5.1
% 功能：对 lgraph_1 卷积神经网路进行训练
% 作者：zhaoxch_mail@sina.com
% 时间：2020 年 3 月 6 日

%% 步骤 1：加载图像数据,并将其划分为训练集和验证集

% 加载图像数据
unzip('MerchData.zip');
imds = imageDatastore('MerchData', ...
    'IncludeSubfolders',true, ...
    'LabelSource','foldernames');

% 划分验证集和训练集
[imdsTrain,imdsValidation] = splitEachLabel(imds,0.7,'randomized');

% 随机显示训练集中的部分图像
numTrainImages = numel(imdsTrain.Labels);
idx = randperm(numTrainImages,16);
figure
for i = 1:16
    subplot(4,4,i)
    I = readimage(imdsTrain,idx(i));
    imshow(I)
end

%% 步骤 2：调整数据集

% 查看网络输入层的大小和通道数
inputSize = lgraph_1.Layers(1).InputSize;

% 将批量训练图像的大小调整为与输入层的大小相同
augimdsTrain = augmentedImageDatastore(inputSize(1:2),imdsTrain);
% 将批量验证图像的大小调整为与输入层的大小相同
augimdsValidation = augmentedImageDatastore(inputSize(1:2),imdsValidation);

%% 步骤 3：对网络进行训练

% 对训练参数进行设置
options = trainingOptions('sgdm', ...
    'MiniBatchSize',15, ...
```

```
    'MaxEpochs',10, ...
    'InitialLearnRate',0.00005, ...
    'Shuffle','every - epoch', ...
    'ValidationData',augimdsValidation, ...
    'ValidationFrequency',3, ...
    'Verbose',true, ...
    'Plots','training - progress');

% 用训练图像对网络进行训练
    netTransfer = trainNetwork(augimdsTrain, lgraph_1 ,options);

%% 步骤 4: 验证并显示结果

% 对训练好的网络采用验证数据集进行验证
[YPred,scores] = classify(netTransfer,augimdsValidation);

% 随机显示验证效果
idx = randperm(numel(imdsValidation.Files),4);
figure
for i = 1:4
    subplot(2,2,i)
    I = readimage(imdsValidation,idx(i));
    imshow(I)
    label = YPred(idx(i));
    title(string(label));
end

%% 计算分类准确率
YValidation = imdsValidation.Labels;
accuracy = mean(YPred == YValidation)

%% 创建并显示混淆矩阵
figure
confusionchart(YValidation,YPred)
*******************************************************************
```

图 4.5.14　随机显示验证效果

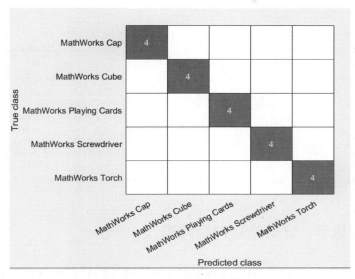

图 4.5.15　混淆矩阵图

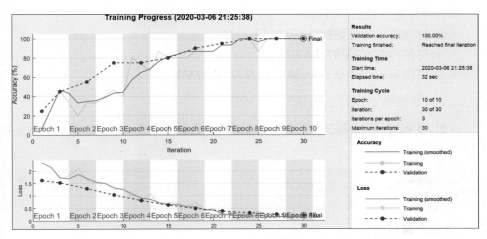

图 4.5.16　网络的训练过程

　　由于在配置选项中,将'Verbose'设置为 true,所以该网络的训练和验证过程也在命令窗口中显示,如表 4.5.1 所示。

表 4.5.1　例程 4.5.1 的运行效果在命令窗口显示

Epoch	Iteration	Time Elapsed (hh:mm:ss)	Mini-batch Accuracy	Validation Accuracy	Mini-batch Loss	Validation Loss	Base Learning Rate
1	1	00:00:05	6.67 %	25.00 %	2.3380	1.6297	5.0000e-05
1	3	00:00:07	46.67 %	45.00 %	1.6852	1.5317	5.0000e-05
2	6	00:00:10	33.33 %	55.00 %	1.6290	1.2946	5.0000e-05
3	9	00:00:13	46.67 %	75.00 %	1.2545	1.0399	5.0000e-05

续表

Epoch	Iteration	Time Elapsed (hh:mm:ss)	Mini-batch Accuracy	Validation Accuracy	Mini-batch Loss	Validation Loss	Base Learning Rate
4	12	00:00:16	73.33 %	75.00 %	0.7943	0.8162	5.0000e − 05
5	15	00:00:18	80.00 %	80.00 %	0.7282	0.6372	5.0000e − 05
6	18	00:00:21	86.67 %	90.00 %	0.7524	0.4982	5.0000e − 05
7	21	00:00:24	93.33 %	95.00 %	0.1836	0.3945	5.0000e − 05
8	24	00:00:27	100.00 %	100.00 %	0.3095	0.3204	5.0000e − 05
9	27	00:00:30	100.00 %	100.00 %	0.1646	0.2656	5.0000e − 05
10	30	00:00:32	100.00 %	100.00 %	0.1355	0.2254	5.0000e − 05

4.6　如何显示、分析卷积神经网络

可视化功能是 MATLAB 的重要特色，将所设计的卷积神经网络进行可视化有利于对网络的结构进行深入的分析和理解。

本节将着重介绍如下内容：
- 如何查看训练好的网络的结构和信息；
- 如何画出深度网络的结构图；
- 如何用 analyzeNetwork 函数查看与分析网络。

4.6.1　如何查看训练好的网络的结构和信息

例如，要查看 AlexNet 卷积神经网络的网络结构与信息，可在命令窗口输入如下指令：

```
net = alexnet;
net.Layers
```

之后，在命令窗口会显示：

```
ans =
25x1 Layer array with layers:
     1 'data'   Image Input                227x227x3 images with 'zerocenter' normalization
     2 'conv1' Convolution                 96 11x11x3 convolutions with stride [4  4] and padding [0  0  0  0]
     3 'relu1' ReLU                        ReLU
     4 'norm1' Cross Channel Normalization cross channel normalization with 5 channels per element
     5 'pool1' Max Pooling                 3x3 max pooling with stride [2  2] and padding [0  0  0  0]
     6 'conv2' Convolution                 256 5x5x48 convolutions with stride [1  1] and padding [2  2  2  2]
     7 'relu2' ReLU                        ReLU
     8 'norm2' Cross Channel Normalization cross channel normalization with 5 channels per element
     9 'pool2' Max Pooling                 3x3 max pooling with stride [2  2] and padding [0  0  0  0]
    10 'conv3' Convolution                 384 3x3x256 convolutions with stride [1  1] and padding [1  1  1  1]
    11 'relu3' ReLU                        ReLU
    12 'conv4' Convolution                 384 3x3x192 convolutions with stride [1  1] and padding [1  1  1  1]
    13 'relu4' ReLU                        ReLU
    14 'conv5' Convolution                 256 3x3x192 convolutions with stride [1  1] and padding [1  1  1  1]
    15 'relu5' ReLU                        ReLU
```

```
16 'pool5'    Max Pooling              3x3 max pooling with stride [2  2] and padding [0  0  0  0]
17 'fc6'      Fully Connected          4096 fully connected layer
18 'relu6'    ReLU                     ReLU
19 'drop6'    Dropout                  50 % dropout
20 'fc7'      Fully Connected          4096 fully connected layer
21 'relu7'    ReLU                     ReLU
22 'drop7'    Dropout                  50 % dropout
23 'fc8'      Fully Connected          1000 fully connected layer
24 'prob'     Softmax                  softmax
25 'output'   Classification Output    crossentropyex with 'tench' and 999 other classes
```

4.6.2　如何画出深度网络的结构图

例如,要绘制 VGG16 卷积神经网络的结构图,可在命令窗口输入如下指令:

```
net = vgg16;
lgraph = layerGraph(net.Layers);
figure
plot(lgraph)
```

上述指令的运行效果如图 4.6.1 所示。

同时,也可以绘制出自己设计的卷积神经网络的结构图。

例如,通过如下程序构建了一个卷积神经网络:

```
layers = [
    imageInputLayer([28 28 1],'Name','input')
    convolution2dLayer(3,16,'Padding','same','Name','conv_1')
    batchNormalizationLayer('Name','BN_1')
    reluLayer('Name','relu_1')];
```

在命令窗口输入如下指令,可绘制其网络结构图,结果如图 4.6.2 所示。

```
lgraph = layerGraph(layers);
figure
plot(lgraph)
```

注意:使用 layerGraph 函数时,必须在程序中对所设计的网络的每一层进行命名;否则,在使用 layerGraph 函数时会报错,如图 4.6.3 所示。

4.6.3　如何用 analyzeNetwork 函数查看与分析网络

例如,要查看 GoogLeNet 卷积神经网络的网络结构与信息,可在命令窗口输入如下指令:

```
net = googLeNet;
analyzeNetwork(net)
```

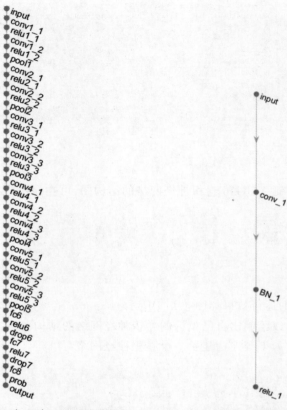

图 4.6.1　VGG16 卷积神经网络的结构图　　　　图 4.6.2　所绘制的网络结构图

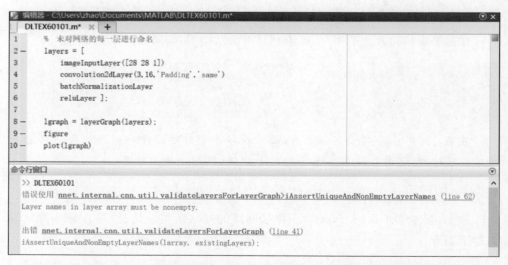

图 4.6.3　未对网络的每一层命名，使用 layerGraph 函数时会报错

运行效果如图 4.6.4 所示。

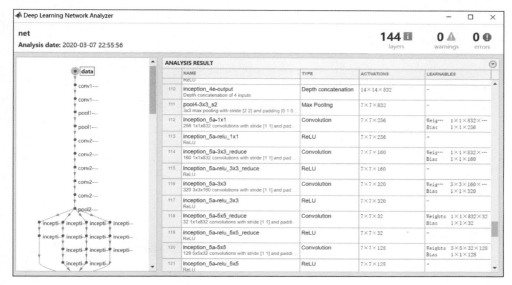

图 4.6.4　用 analyzeNetwork 函数查看 GoogLeNet 网络结构与信息

例如,构建一个卷积网络(例程 4.6.1),并用 analyzeNetwork 分析其是否存在错误。例程 4.6.1 的运行效果如图 4.6.5 所示。

例程 4.6.1

```
**********************************************************
%% 程序说明
% 例程 4.6.1
% 功能: 构建一个卷积网络,并用 analyzeNetwork 分析其是否存在错误
% 作者: zhaoxch_mail@sina.com
% 时间: 2020 年 3 月 14 日

% 构建卷积神经网络
layers = [
    imageInputLayer([32 32 3],'Name','input')

    convolution2dLayer(5,16,'Padding','same','Name','conv_1')
    reluLayer('Name','relu_1')

    convolution2dLayer(3,16,'Padding','same','Stride',2,'Name','conv_2')
    reluLayer('Name','relu_2')

    convolution2dLayer(3,16,'Padding','same','Stride',2,'Name','conv_3')
    reluLayer('Name','relu_3')

    fullyConnectedLayer(10,'Name','fc')
    classificationLayer('Name','output')];
```

```
lgraph = layerGraph(layers);

% 对所构建的网络进行分析、检查
analyzeNetwork(lgraph)
********************************************************************
```

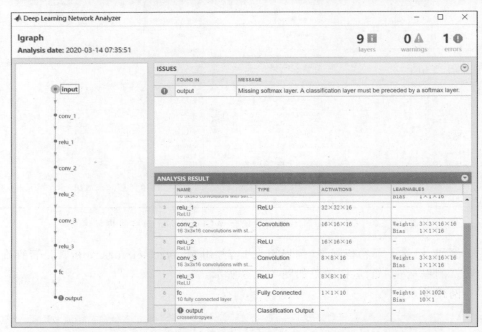

图 4.6.5　例程 4.6.1 的运行效果

　　由图 4.6.4 可知,例程 4.6.1 所设计的网络出现了一个错误,少了一个 Softmax 层,根据提示进行改进,如例程 4.6.2 所示。运行效果如图 4.6.6 所示。

　　例程 4.6.2

```
********************************************************************
%% 程序说明
% 例程 4.6.2
% 功能: 对例程 4.6.1 进行改进,添加一个 Softmax 层(需对其进行命名)
% 作者: zhaoxch_mail@sina.com
% 时间: 2020 年 3 月 14 日
% 版本: DLTEX602 - V1

% 构建卷积神经网络
layers = [
    imageInputLayer([32 32 3],'Name','input')

    convolution2dLayer(5,16,'Padding','same','Name','conv_1')
```

```
        reluLayer('Name','relu_1')

        convolution2dLayer(3,16,'Padding','same','Stride',2,'Name','conv_2')
        reluLayer('Name','relu_2')

        convolution2dLayer(3,16,'Padding','same','Stride',2,'Name','conv_3')
        reluLayer('Name','relu_3')
        softmaxLayer('Name','softmax')                    % 添加了一个 Softmax 层
        fullyConnectedLayer(10,'Name','fc')
        classificationLayer('Name','output')];

lgraph = layerGraph(layers);

% 对所构建的网络进行分析、检查
analyzeNetwork(lgraph)
***************************************************************************
```

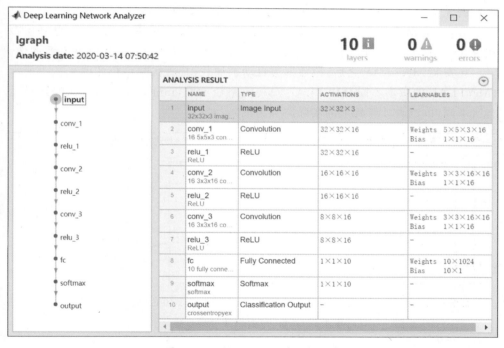

图 4.6.6　例程 4.6.2 的运行效果

　　由图 4.6.6 所示,添加了一个 Softmax 层后(注意,在添加了 Softmax 层之后需要对其命名),所设计的网络就不存在问题了,通过 analyzeNetwork 的检查,说明网络设计合理。

4.7 如何加载深度学习工具箱可用的数据集

俗话说,"巧妇难为无米之炊。"深度学习也亦如此,它是在大数据的驱动下发展起来的。本节着重探讨在 MATLAB 的深度学习工具箱中如何加载可用的数据集。

本节着重讲解如下内容:
- 如何加载 MATLAB 自带的数据集;
- 如何加载自己制作的数据集;
- 如何加载网络下载的数据集。

本节采用操作指引式的讲授方式,读者可以按照本节所介绍的步骤在自己的 MATLAB 开发环境中进行操作,在实践中了解并掌握加载数据集方法和操作技巧。

4.7.1 如何加载 MATLAB 自带的数据集

例 4.7.1 添加 MATLAB 自带的 mnist 手写数据集。

mnist 数据集是开源手写数据集,其含有 0~9 总共 10 种手写数字,分别保存在以 0~9 命名的 10 个文件夹中,每个文件夹中 1000 幅图像,总共 10 000 幅图像。

在安装 MATLAB 之后,该数据集自动被加载,其所在的路径如图 4.7.1 所示(MATLAB 的版本不同、MATLAB 安装的路径不同,mnist 数据集所在的路径也有所不同,以读者计算机上的实际路径为准)。

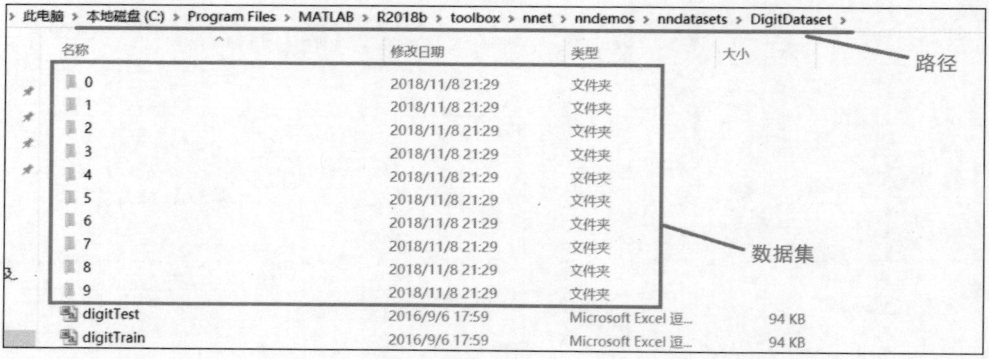

图 4.7.1 mnist 数据集所在的路径

在命令窗口中输入如下指令可以加载 mnist 数据集:

```
digitDatasetPath = fullfile(matlabroot,'toolbox','nnet', ...
'nndemos','nndatasets','DigitDataset');
imds = imageDatastore(digitDatasetPath, ...
'IncludeSubfolders',true, ...
    'LabelSource','foldernames');
```

其中,digitDatasetPath 是存放 mnist 数据集路径,而 imageDatastore 函数生成一个图像数据存储区结构体,里面包含了图像和每幅图像对应的标签。

上述指令涉及两个函数:fullfile 和 imageDatastore,下面就对这两个函数进行详细讲解。

(1) 路径创建函数:fullfile。

功能:创建路径。

用法:f = fullfile(filepart1,…,filepartN)

输入:filepart1,filepart2,…,filepartN:第 1 层路径(文件夹),第 2 层路径(文件夹),…,第 N 层路径(文件夹或文件名)。

输出:f 为完整的路径。

例如:f = fullfile('DLTfolder','DLTsubfolder','DLTfile. m')的功能是生成一个路径 f,f = 'DLTfolder\DLTsubfolder\DLTfile. m'。

■ 经验分享

在 Windows 系统中,也可以用 fullfile 函数创建多个文件的路径。 例如:
f = fullfile('c:\','myfiles','matlab',{'myfile1. m';'myfile2. m'}),该命令语句的功能是返回一个元胞数组 f,其中包含文件 myfile1. m 和 myfile2. m 的路径。 即

```
f = 2×1 cell array
'c:\myfiles\matlab\myfile1.m'
'c:\myfiles\matlab\myfile2.m'
```

(2) 创建样本图像的数据存储函数:imageDatastore。

功能:将图像样本存储为可供训练和验证的数据.

用法:

用法①

```
imds = imageDatastore(location)
```

输入:location 表示图像数据保存的位置。

输出:imds 表示可供训练和验证的数据。

用法②

```
imds = imageDatastore(location,Name,Value)
```

可以通过指定"名称-取值"对(Name 和 Value)来配置特定属性(将每种属性名称括在单引号中),具体含义如表 4.7.1 所示。

表 4.7.1 **imageDatastore** 函数的输入参数

名 称	含 义
IncludeSubfolders	子文件夹包含标志位。指定 true,可包含每个文件夹中的所有文件和子文件夹;指定 false,则仅包含每个文件夹中的文件
LabelSource	提供标签数据的源。如果指定为'none',则 Labels 属性为空;而如果指定了'foldernames',则将根据文件夹名称分配标签并存储在 Labels 属性中

在了解了上述两个函数的功能和用法之后,详细地看一下对应语句的含义:

```
digitDatasetPath = fullfile(matlabroot,'toolbox','nnet', ...
'nndemos','nndatasets','DigitDataset');
```

上述语句创建了一个路径,此处的路径为:

```
C:\Program Files\MATLAB\R2018b\toolbox\nnet\nndemos\nndatasets\DigitDataset
```

在创建了路径之后,将存储在该路径之下的图像集转化为可用的训练及验证数据集;采用的具体命令语句如下:

```
imds = imageDatastore(digitDatasetPath, ...'IncludeSubfolders',true, ... % 包含路径
下所有的文件和子文件夹下的文件
'LabelSource','foldernames'); % 根据文件夹名称分配标签并存储在 Labels 属性中
```

读取 MATLAB 自带的 mnist 手写数据集,并随机显示其中的 20 幅图像。请读者结合上述的讲解对程序进行理解。例程 4.7.1 的运行效果如图 4.7.2 所示。

例程 4.7.1

```
*****************************************************************
%% 程序说明

% 例程 4.7.1
% 功能:读取 MATLAB 自带的 mnist 手写数据集,并随机显示其中的 20 幅图像
% 作者:zhaoxch_mail@sina.com
% 时间:2020 年 3 月 8 日
% 版本:DLTEX701 - V1

%% 从指定的路径读取图像集,将其转化成可以用于训练和验证的数据集

digitDatasetPath = fullfile(matlabroot,'toolbox','nnet', ...
    'nndemos','nndatasets','DigitDataset');
imds = imageDatastore(digitDatasetPath, ...
    'IncludeSubfolders',true, ...
    'LabelSource','foldernames');
```

```
%% 随机显示该数据集的 20 幅图像
figure
numImages = 10000;
perm = randperm(numImages,20);
for i = 1:20
    subplot(4,5,i);
    imshow(imds.Files{perm(i)});
end
***********************************************************
```

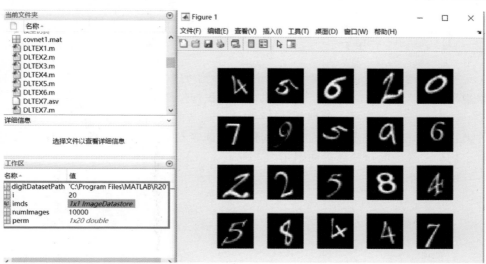

图 4.7.2　例程 4.7.1 的运行效果

在使用 imageDatastore 函数时还有一点要注意,如果图像数据集在 C 盘的 \Documents\MATLAB\ 文件夹下(注:MATLAB 安装在不同的盘里,路径可能不同。此处的路径为 C:\Users\zhao\Documents\MATLAB\文件夹名),调用该函数时第一个参数可以不加路径,直接写文件夹的名称。例如:

```
imds = imageDatastore('MerchData', ...
    'IncludeSubfolders',true, ...
'LabelSource','foldernames');
```

上述语句实现的功能为:将存储在 C 盘的\Documents\MATLAB\MerchData 文件夹下的图像集转化为可用的训练及验证数据集。

4.7.2　如何加载自己制作的数据集

例 **4.7.2**　在本书配套资料中,有一个简单的图像集(名为 animal samples 的文件夹,该文件夹下有两个子文件夹,分别为 dog、panda,每个文件夹下有 5 张图

片,如图4.7.3所示),将该图像集导入 MATLAB 的
工作区中,其步骤如下:

步骤1,将名为 animal samples 的文件夹复制到 C 盘
的\Documents\MATLAB 的文件夹之中(注:MATLAB
安装在不同的盘里,路径可能不同。此处的路径为 C:\
Users\zhao\Documents\MATLAB\animal samples)。

步骤2,在 MATLAB 的命令窗口输入如下命令:

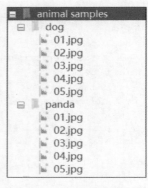

```
imds = imageDatastore('animal samples', ...
'IncludeSubfolders',true, ...
'LabelSource','foldernames');
```

图 4.7.3 名为 animal samples
的简单图像集

通过上述步骤1、步骤2便实现了将自己制作的数
据集导入 MATLAB 的工作区中,以供后续卷积神经网络训练及验证使用。

读取 animal samples 数据集(已将其放到 C 盘的\Documents\MATLAB 的文
件夹之中),并随机显示其中的 6 幅图像。请读者结合上述的讲解对程序进行理
解。例程4.7.2的运行效果如图4.7.4所示。

例程 4.7.2

```
******************************************************************
%% 程序说明

% 例程 4.7.2
% 功能:读取 animal samples 数据集,并随机显示其中的 6 幅图像
% 作者:zhaoxch_mail@sina.com
% 时间:2020 年 3 月 8 日

%% 清除内存、清除屏幕
clear
clc

%% 从 C 盘的\Documents\MATLAB 的文件夹下读取图像集,转化成数据集

imds = imageDatastore('animal samples', ...
    'IncludeSubfolders',true, ...
'LabelSource','foldernames');

%% 随机显示其中的 6 幅图像
figure
numImages = 10;
perm = randperm(numImages,6);
for i = 1:6
```

```
      subplot(2,3,i);
      imshow(imds.Files{perm(i)});
end
*****************************************************************
```

图 4.7.4　例程 4.7.2 的运行效果

4.7.3　如何加载网络下载的数据集——以 CIFAR-10 为例

CIFAR-10 数据集由 10 个类(飞机、汽车、鸟、猫、鹿、狗、青蛙、马、船、卡车)的 60 000 个 32×32 彩色图像组成,每个类有 6000 个图像。有 50 000 个训练图像和 10 000 个测试图像。CIFAR-10 数据集及其分类示意图如图 4.7.5 所示。

图 4.7.5　CIFAR-10 数据集及其分类示意图

例 4.7.3　如何下载 CIFAR-10 数据集并导入 MATLAB 工作空间？

步骤 1，下载 CIFAR-10 数据集。CIFAR-10 数据集的下载地址为：https://www.cs.toronto.edu/~kriz/cifar-10-matlab.tar.gz。

步骤 2，下载之后，CIFAR-10 数据集为 cifar-10-batches-mat，在 C 盘的 \Documents\MATLAB 的文件夹下新建一个名为 cifar10Data 的文件夹，将 cifar-10-batches-mat 放到该文件夹中，如图 4.7.6 所示。

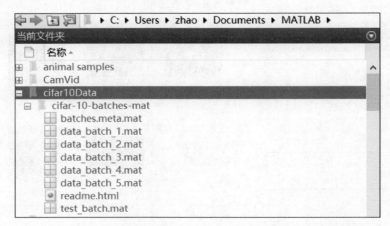

图 4.7.6　新建 cifar10Data 文件夹并将 cifar-10-batches-mat 放到该文件夹下

步骤 3，新建一个名为 helperCIFAR10Data.m 的文件，输入如下代码并保存，该代码的功能是将 CIFAR-10 数据集下载并导入，在本节中不做详细讲解。

```
helperCIFAR10Data.m
************************************************************
% This is helper class to download and import the CIFAR-10 dataset. The
% dataset is downloaded from:
%
% https://www.cs.toronto.edu/~kriz/cifar-10-matlab.tar.gz
%
% References
% ----------
% Krizhevsky, Alex, and Geoffrey Hinton. "Learning multiple layers of
% features from tiny images." (2009).

classdef helperCIFAR10Data

    methods(Static)

% -------------------------------------------------------------
        function download(url, destination)
            if nargin == 1
                url = 'https://www.cs.toronto.edu/~kriz/cifar-10-matlab.tar.gz';
```

```
            end

            unpackedData = fullfile(destination, 'cifar-10-batches-mat');
            if ~exist(unpackedData, 'dir')
                fprintf('Downloading CIFAR-10 dataset...');
                untar(url, destination);
                fprintf('done.\n\n');
            end
        end

% --------------------------------------------------------------
        % Return CIFAR-10 Training and Test data.
        function [XTrain, TTrain, XTest, TTest] = load(dataLocation)

            location = fullfile(dataLocation, 'cifar-10-batches-mat');

            [XTrain1, TTrain1] = loadBatchAsFourDimensionalArray(location, 'data_
batch_1.mat');
            [XTrain2, TTrain2] = loadBatchAsFourDimensionalArray(location, 'data_
batch_2.mat');
            [XTrain3, TTrain3] = loadBatchAsFourDimensionalArray(location, 'data_
batch_3.mat');
            [XTrain4, TTrain4] = loadBatchAsFourDimensionalArray(location, 'data_
batch_4.mat');
            [XTrain5, TTrain5] = loadBatchAsFourDimensionalArray(location, 'data_
batch_5.mat');
            XTrain = cat(4, XTrain1, XTrain2, XTrain3, XTrain4, XTrain5);
            TTrain = [TTrain1; TTrain2; TTrain3; TTrain4; TTrain5];

            [XTest, TTest] = loadBatchAsFourDimensionalArray(location, 'test_
batch.mat');

        end
    end
end

function [XBatch, TBatch] = loadBatchAsFourDimensionalArray(location, batchFileName)
load(fullfile(location,batchFileName));
XBatch = data';
XBatch = reshape(XBatch, 32,32,3,[]);
XBatch = permute(XBatch, [2 1 3 4]);
TBatch = convertLabelsToCategorical(location, labels);
end

function categoricalLabels = convertLabelsToCategorical(location, integerLabels)
load(fullfile(location,'batches.meta.mat'));
categoricalLabels = categorical(integerLabels, 0:9, label_names);
end
******************************************************************
```

步骤 4，在 MATLAB 的命令窗口中，输入如下程序代码：

```
[trainingImages,trainingLabels,testImages,testLabels] =
helperCIFAR10Data.load('cifar10Data');
figure
thumbnails = trainingImages(:,:,:,1:100);
montage(thumbnails)
```

上述程序代码实现了导入 CIFAR-10 数据集并随机显示其中的 100 幅图像。显示效果如图 4.7.7 所示。

图 4.7.7　随机显示的 CIFAR-10 数据集中的 100 幅图像

4.7.4　如何划分训练集与测试集

前面介绍了如何加载数据集，在加载数据集之后，需要将数据集划分为训练集和测试集。在 MATLAB 深度学习工具箱中，提供了 splitEachLabel 函数将数据存储区中的数据集划分为训练集和测试集。

1. 划分为训练集与测试集函数： splitEachLabel

功能：将数据存储区中的数据集划分为训练集和测试集。

用法：

```
[ds1 ,ds2 ] = splitEachLabel(imds , p);
```

输入：imds 表示图像样本数据。

p 表示数据集中用于训练深度网络的样本比例或数量。

输出：ds1 表示用于训练的样本数据。

ds2 表示用于测试的样本数据。

注意：splictEachLabel 函数默认是按顺序对样本数据集进行划分的，可以添加选项 'randomized' 来进行随机划分。

例如：

```
[imdsTrain,imdsValidation] = splitEachLabel(imds,750 ,'randomize');
```

该语句实现的功能是随机将样本数据 imds 中的 750 个样本数据划分为训练样本数据。

```
[imdsTrain,imdsValidation] = splitEachLabel(imds,0.7,'randomized');
```

该语句实现的功能是随机将样本数据 imds 中 70%的样本数据划分为训练样本数据。

| 编程体验 1 |

基于 CIFAR-10 数据集训练卷积神经网络

例程 4.7.3

```
**************************************************************
%% 程序说明
% 例程：4.7.3
% 功能：基于 CIFAR-10 数据集训练卷积神经网络
% 作者：zhaoxch_mail@sina.com
% 时间：2020 年 3 月 21 日

%% 清除内存、清除屏幕
clear
clc

%% 导入 CIFAR-10 数据集并查看数据集的相关信息
[trainingImages, trainingLabels, testImages, testLabels] = helperCIFAR10Data. load
('cifar10Data');
% 查看数据集用于训练的图像的尺寸大小
size(trainingImages);
```

```matlab
% 数据集的分类数为 10
numImageCategories = 10;
% 显示用于训练的数据的分类标签
categories(trainingLabels)

%% 创建卷积神经网络
% 根据数据集图像的大小创建深度卷积神经网络的输入层
[height, width, numChannels, ~] = size(trainingImages);
imageSize = [height width numChannels];
inputLayer = imageInputLayer(imageSize)

% 创建具有特征提取功能的层
filterSize = [5 5];
numFilters = 32;
middleLayers = [ convolution2dLayer(filterSize, numFilters, 'Padding', 2)
    reluLayer()
    maxPooling2dLayer(3, 'Stride', 2)
    convolution2dLayer(filterSize, numFilters, 'Padding', 2)
    reluLayer()
    maxPooling2dLayer(3, 'Stride',2)
    convolution2dLayer(filterSize, 2 * numFilters, 'Padding', 2)
    reluLayer()
    maxPooling2dLayer(3, 'Stride',2) ]

% 创建具有分类功能的层
finalLayers = [ fullyConnectedLayer(64)
    reluLayer
    fullyConnectedLayer(numImageCategories)
    softmaxLayer
    classificationLayer ]

% 将上述创建的层构成网络
layers = [inputLayer
    middleLayers
    finalLayers ]

%% 进行训练参数的设置
opts = trainingOptions('sgdm', ...
    'InitialLearnRate', 0.001, ...
    'LearnRateSchedule', 'piecewise', ...
    'LearnRateDropFactor', 0.1, ...
    'LearnRateDropPeriod', 20, ...
    'Shuffle','every - epoch',...
    'MaxEpochs', 40, ...
    'MiniBatchSize', 128, ...
    'Verbose', true,...
    'Plots','training - progress');

%% 训练网络
```

```
cifar10Net = trainNetwork(trainingImages, trainingLabels, layers, opts);

%% 采用训练好的网络对测试图像进行分类并计算准确率
YTest = classify(cifar10Net, testImages);
accuracy = sum(YTest == testLabels)/numel(testLabels)
**************************************************************
```

例程 4.7.3 的运行效果如图 4.7.8 所示。

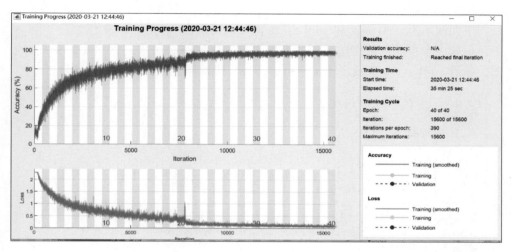

图 4.7.8　例程 4.7.3 的运行效果

4.8　如何构造一个具有捷径连接的卷积神经网络

本节介绍构造一个具有捷径连接(Shortcut Connection)的卷积神经网络,该种网络结构能够使参数梯度更容易地从输出层流向网络靠前的层,避免在训练的过程中出现梯度消失的现象。

本节将重点讲解如下内容:

- 如何构建具有捷径连接的卷积神经网络;
- 如何对具有捷径连接的网络进行结构检查。

4.8.1　本节用到的函数

1. 创建深度网络结构图谱: layerGraph 函数

功能:创建深度网络结构图谱。

用法:lgraph = layerGraph(layers)

输入:layers——创建的网络层。

输出:lgraph——创建的网络图谱。

注意：lgraph = layerGraph 表示创建一个不包含层的空网络层图谱。

2. 添加网络层： addLayers 函数

功能：将网络层添加到网络层图谱中。

用法：newlgraph = addLayers(lgraph,larray)

输入：larray——网络层(注：网络的每一层都需要命名)；

　　　lgraph——网络层图谱。

输出：newlgraph——添加网络层之后的新网络层图谱。

下面演示 layerGraph 和 addLayers 函数的用法。

创建一个空的网络层图谱和一个网络层。将网络层添加到网络层图谱，并绘图。函数 addLayers 按顺序连接网络层。实现代码如下：

```
% 建立一个空的网络层图谱
lgraph = layerGraph;
% 建立网络层
layers = [
    imageInputLayer([32 32 3],'Name','input')
    convolution2dLayer(3,16,'Padding','same','Name','conv_1')
    batchNormalizationLayer('Name','BN_1')
    reluLayer('Name','relu_1')];
% 将网络层添加到网络层图谱中，并显示
lgraph = addLayers(lgraph,layers);
figure
plot(lgraph)
```

上述代码的运行效果如图 4.8.1 所示。

3. 创建求和层： additionLayer 函数

功能：创建一个求和层。

用法：layer = additionLayer(numInputs,'Name',
Name)

输入：numInputs——要进行相加的元素个数；

　　　Name——所创建的求和层的名称。

输出：layer——求和层。

4. 连接网络层： connectLayers 函数

功能：连接网络层图谱中的网络层。

用法：newlgraph = connectLayers(lgraph,s,d)

输入：lgraph——网络层图谱；

　　　s——网络层；

　　　d——网络层图谱中的目标层。

输出：newlgraph——连接后的网络层图谱。

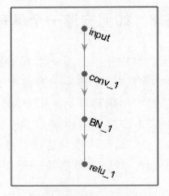

图 4.8.1　运行效果图

4.8.2　实例需求

例 4.8.1　构建一个含有捷径连接(Shortcut Connection)的卷积神经网络,并进行训练,对输入图像(28×28 像素)中数字的图像进行分类,计算准确率。

部分输入图像如图 4.8.2 所示。

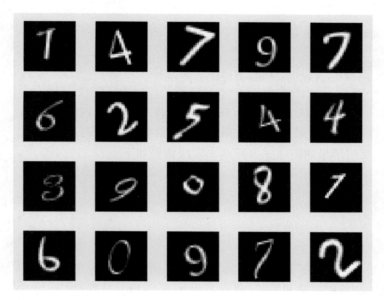

图 4.8.2　部分输入图像

4.8.3　创建含有捷径连接的卷积神经网络的实现步骤

针对 4.8.2 节的需求,我们设计具有如下结构的网络:

(1) 一个按顺序连接的网络层的主体;

(2) 包含单个卷积层的便捷连接。

具体实现步骤如下:

步骤 1,建立网络层主体。

网络层中的每一层必须具有名称,并且所有名称必须唯一。具体实现代码如下:

```
layers = [
    imageInputLayer([28 28 1],'Name','input')

    convolution2dLayer(5,16,'Padding','same','Name','conv_1')
    batchNormalizationLayer('Name','BN_1')
    reluLayer('Name','relu_1')

    convolution2dLayer(3,32,'Padding','same','Stride',2,'Name','conv_2')
```

```
    batchNormalizationLayer('Name','BN_2')
    reluLayer('Name','relu_2')
    convolution2dLayer(3,32,'Padding','same','Name','conv_3')
    batchNormalizationLayer('Name','BN_3')
    reluLayer('Name','relu_3')

    additionLayer(2,'Name','add')

    averagePooling2dLayer(2,'Stride',2,'Name','avpool')
    fullyConnectedLayer(10,'Name','fc')
    softmaxLayer('Name', 'softmax')
    classificationLayer('Name','classOutput')];
```

创建一个网络层图谱。layerGraph 函数将所构建的网络层 layers 添加到网络层图谱 lgraph 中,plot 函数用于绘制网络层图谱,绘制结果如图 4.8.3 所示。实现代码如下:

```
lgraph = layerGraph(layers);
figure
plot(lgraph)
```

步骤 2,建立捷径连接。

创建 1×1 卷积层并将其添加到网络层图谱 lgraph 中。指定卷积滤波器的数量和步长,使得其大小与'relu_3'层的大小相匹配,使得求和层'add'能够实现'skipConv'和'relu_3'层的输出相加。实现代码如下:

```
skipConv = convolution2dLayer(1,32,'Stride',2,'Name',
'skipConv');
lgraph = addLayers(lgraph,skipConv);
```

运行效果如图 4.8.4 所示。

步骤 3,进行连接。

由于在使用 additionLayer 函数创建求和层'add'的时候指定了 2 作为输入数,所以该层有两个输入,分别名为'in1'和'in2'。在已经创建好的网络中,'relu_3'层已连接到'add'层的'in1'输入。现在将'relu_1'层连接到'skipConv'层,将'skipConv'层连接到'add'层的'in2'输入。这样,求和层'add'就可以实现对'relu_3'和'skipConv'层的输出求和。实现代码如下:

```
lgraph = connectLayers(lgraph,'relu_1','skipConv');
lgraph = connectLayers(lgraph,'skipConv','add/in2');
figure
plot(lgraph);
```

图 4.8.3 绘制网络层主体图谱

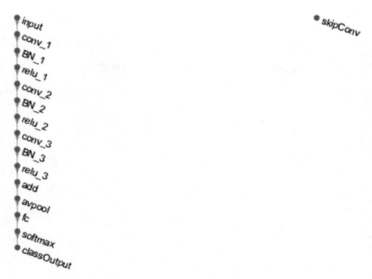

图 4.8.4　添加 skipConv 效果图

整个网络构建完成后,如图 4.8.5 所示。

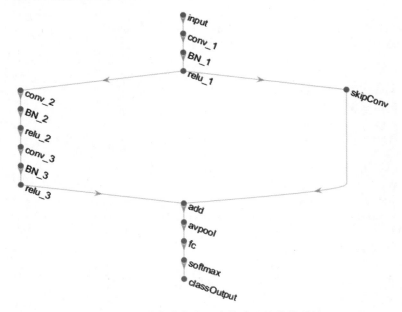

图 4.8.5　创建的含捷径连接的网络结构图谱

4.8.4　程序实现

满足 4.8.2 节需求的程序代码如例程 4.8.1 所示,其运行效果如图 4.8.6 所示。请读者结合注释仔细理解。

例程 4.8.1

```
******************************************************************
%% 程序说明
% 例程 4.8.1
% 功能:构建含捷径连接的卷积神经网络,对含有 0~9 数字的二值图像进行分类,并计算
分类准确率
% 作者: zhaoxch_mail@sina.com
% 时间: 2020 年 3 月 22 日

%% 清除内存、清除屏幕
clear
clc

%% 建立网络层主体
layers = [
    imageInputLayer([28 28 1],'Name','input')

    convolution2dLayer(5,16,'Padding','same','Name','conv_1')
    batchNormalizationLayer('Name','BN_1')
    reluLayer('Name','relu_1')

    convolution2dLayer(3,32,'Padding','same','Stride',2,'Name','conv_2')
    batchNormalizationLayer('Name','BN_2')
    reluLayer('Name','relu_2')
    convolution2dLayer(3,32,'Padding','same','Name','conv_3')
    batchNormalizationLayer('Name','BN_3')
    reluLayer('Name','relu_3')

    additionLayer(2,'Name','add')

    averagePooling2dLayer(2,'Stride',2,'Name','avpool')
    fullyConnectedLayer(10,'Name','fc')
    softmaxLayer('Name','softmax')
    classificationLayer('Name','classOutput')];

% 创建并显示网络
lgraph = layerGraph(layers);
figure
plot(lgraph)

%% 建立捷径连接层
skipConv = convolution2dLayer(1,32,'Padding','same','Stride',2,'Name','skipConv');
lgraph = addLayers(lgraph,skipConv);
figure
plot(lgraph)
```

```matlab
%% 进行连接并绘制网络结构图谱
lgraph = connectLayers(lgraph,'relu_1','skipConv');
lgraph = connectLayers(lgraph,'skipConv','add/in2');
figure
plot(lgraph);

%% 加载训练和验证数据
[XTrain,YTrain] = digitTrain4DArrayData;
[XValidation,YValidation] = digitTest4DArrayData;

%% 配置训练参数并训练网络
options = trainingOptions('sgdm', ...
    'MaxEpochs',5, ...
    'Shuffle','every-epoch', ...
    'ValidationData',{XValidation,YValidation}, ...
    'ValidationFrequency',30, ...
    'Verbose',false, ...
    'Plots','training-progress');
net = trainNetwork(XTrain,YTrain,lgraph,options);

%% 显示网络信息
net

%% 对验证集进行分类并计算准确率
YPredicted = classify(net,XValidation);
accuracy = mean(YPredicted == YValidation)
```
****

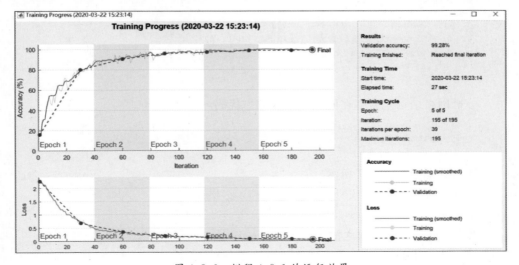

图 4.8.6 例程 4.8.1 的运行效果

4.8.5　对捷径连接网络进行结构检查

由于具有捷径连接的卷积神经网络结构较为复杂,稍有不慎便会出错,在网络设计完成之后,需要对其进行检验。可以用 analyzeNetwork 函数进行结构检查。

例 4.8.2　检验下面设计具有捷径连接的卷积神经网络结构的程序,若存在问题,请改进。

```
*************************************************************
layers = [
    imageInputLayer([28 28 1],'Name','input')

    convolution2dLayer(5,16,'Padding','same','Name','conv_1')
    reluLayer('Name','relu_1')

    convolution2dLayer(3,16,'Padding','same','Stride',2,'Name','conv_2')
    reluLayer('Name','relu_2')
    additionLayer(2,'Name','add1')

    convolution2dLayer(3,16,'Padding','same','Stride',2,'Name','conv_3')
    reluLayer('Name','relu_3')
    additionLayer(3,'Name','add2')

    fullyConnectedLayer(10,'Name','fc')
    classificationLayer('Name','output')];
lgraph = layerGraph(layers);

skipConv = convolution2dLayer(1,16,'Stride',2,'Name','skipConv');
lgraph = addLayers(lgraph,skipConv);
lgraph = connectLayers(lgraph,'relu_1','add1/in2');
lgraph = connectLayers(lgraph,'add1','add2/in2');
*************************************************************
```

分析网络结构是否存在问题。输入如下代码:

```
analyzeNetwork(lgraph)
```

运行效果如图 4.8.7 所示。

由图 4.8.7 可知,所设计的网络一共有 4 个错误。

错误 1: 缺少 Softmax 层。

改正方法:在分类层之前添加 Softmax 层。

错误 2: 'skipConv'层未连接到网络的其余部分。

改正方法: 'add1'连接到'skipConv',将'skipConv'连接到'add2'。

错误 3: 'add2'层被配置了 3 个输入(但该层只有 2 个输入)。

改正方法:需要将输入数配置为 2 来修复错误。

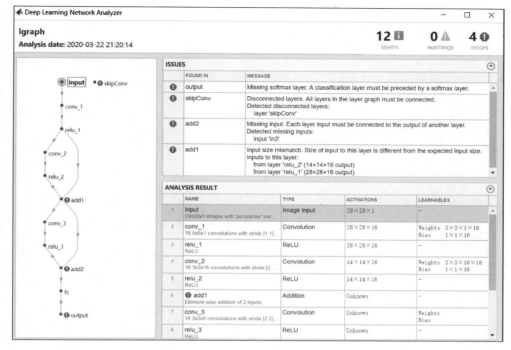

图 4.8.7　分析结果

错误 4：'add1'层两个输入的大小不同。

改正方法：由于'conv_2'层的'Stride'值为 2，因此该层会在前两个维度（空间维度）中将激活按照因子 2 来进行下采样。要调整'relu_2'层的输入大小以使其与'relu_1'的输入大小相同，通过将'conv_2'层的'Stride'值设置为 1 来进行下采样。

改正后的代码如例程 4.8.2 所示，其运行结果如图 4.8.8 所示。

例程 4.8.2

```
**********************************************************************
%% 程序说明
% 例程 4.8.2
% 功能：构建含捷径连接的卷积神经网络，并进行检查
% 作者：zhaoxch_mail@sina.com
% 时间：2020 年 3 月 22 日


%% 清除内存、清除屏幕
clear
clc
%% 建立网络层主体
layers = [
    imageInputLayer([28 28 1],'Name','input')
```

```
    convolution2dLayer(5,16,'Padding','same','Name','conv_1')
    reluLayer('Name','relu_1')

    convolution2dLayer(3,16,'Padding','same','Stride',1,'Name','conv_2')
    reluLayer('Name','relu_2')
    additionLayer(2,'Name','add1')

    convolution2dLayer(3,16,'Padding','same','Stride',2,'Name','conv_3')
    reluLayer('Name','relu_3')
    additionLayer(2,'Name','add2')

    fullyConnectedLayer(10,'Name','fc')
    softmaxLayer('Name','softmax');
    classificationLayer('Name','output')];
% 创建并显示网络
lgraph = layerGraph(layers);

%% 建立捷径连接层
skipConv = convolution2dLayer(1,16,'Stride',2,'Name','skipConv');
lgraph = addLayers(lgraph,skipConv);

%% 进行连接并绘制网络结构图谱
lgraph = connectLayers(lgraph,'relu_1','add1/in2');
lgraph = connectLayers(lgraph,'add1','skipConv');
lgraph = connectLayers(lgraph,'skipConv','add2/in2');

%% 对网络进行分析
analyzeNetwork(lgraph)
**************************************************************
```

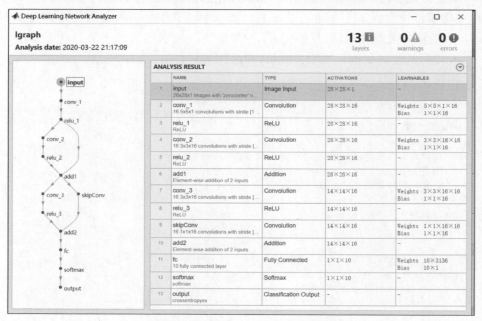

图 4.8.8　例程 4.8.2 的运行结果

| 编程体验 |

采用例程 4.8.2 所构建的卷积神经网络进行图像分类

例程 4.8.3 的运行结果如图 4.8.9 所示。

例程 4.8.3

```
*************************************************************
%% 程序说明
% 例程 4.8.3
% 功能:构建含捷径连接的卷积神经网络,对输入的图像进行分类
% 作者: zhaoxch_mail@sina.com
% 时间: 2020 年 3 月 22 日

%% 清除内存、清除屏幕
clear
clc
%% 建立网络层主体
layers = [
    imageInputLayer([28 28 1],'Name','input')

    convolution2dLayer(5,16,'Padding','same','Name','conv_1')
    reluLayer('Name','relu_1')

    convolution2dLayer(3,16,'Padding','same','Stride',1,'Name','conv_2')
    reluLayer('Name','relu_2')
    additionLayer(2,'Name','add1')

    convolution2dLayer(3,16,'Padding','same','Stride',2,'Name','conv_3')
    reluLayer('Name','relu_3')
    additionLayer(2,'Name','add2')

    fullyConnectedLayer(10,'Name','fc')
    softmaxLayer('Name','softmax');
    classificationLayer('Name','output')];
% 创建网络
lgraph = layerGraph(layers);

%% 建立捷径连接层
skipConv = convolution2dLayer(1,16,'Stride',2,'Name','skipConv');
lgraph = addLayers(lgraph,skipConv);

%% 进行连接
lgraph = connectLayers(lgraph,'relu_1','add1/in2');
lgraph = connectLayers(lgraph,'add1','skipConv');
lgraph = connectLayers(lgraph,'skipConv','add2/in2');

%% 加载训练和验证数据
[XTrain,YTrain] = digitTrain4DArrayData;
[XValidation,YValidation] = digitTest4DArrayData;
```

```
%% 配置训练参数并训练网络
options = trainingOptions('sgdm', ...
    'MaxEpochs',50, ...
    'Shuffle','every-epoch', ...
    'ValidationData',{XValidation,YValidation}, ...
    'ValidationFrequency',30, ...
    'Verbose',false, ...
    'Plots','training-progress');
net = trainNetwork(XTrain,YTrain,lgraph,options);

%% 显示网络信息
net

%% 对验证集进行分类并计算准确率
YPredicted = classify(net,XValidation);
accuracy = mean(YPredicted == YValidation)
****************************************************************
```

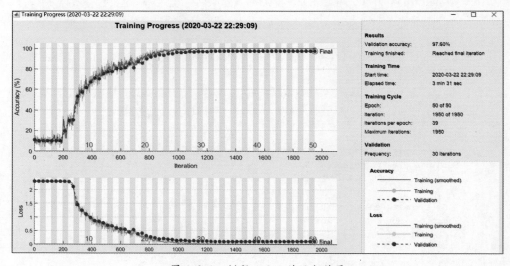

图 4.8.9　例程 4.8.3 的运行结果

4.9　思考与练习

1. 以下是基于 MATLAB 深度学习工具箱的指令，请解释其含义：

```
(1) convolution2dLayer([5 5],8,'Padding','same');
(2) maxPooling2dLayer(2,'Stride',1);
(3) averagePooling2dLayer(4,'Stride',2);
(4) dropoutLayer(0.25);
(5) [imdsTrain,imdsValidation] = splitEachLabel(imds,0.8,'randomized');
```

2. 在卷积神经网络中,加入批量归一化层的作用是什么?

3. 请解释下列关于深度学习的术语:

(1) 轮(Epoch)。

(2) 小批量样本(minibatch)。

(3) 混淆矩阵。

4. 在训练卷积神经网络的过程中,验证与训练同时进行,原因是什么?

5. 请列举在训练卷积神经网络过程中的一些技巧。

6. 在机器学习领域,什么是"迁移学习"? 实现迁移学习的步骤有哪些?

7. 编程题:通过 MATLAB 深度学习工具箱的指令及 Deep Network Designer App 设计如表 4.9.1 所示的卷积神经网络。

表 4.9.1 所要构建的卷积神经网络

名　　　称	备　　　注
输入	32×32 像素,3 个通道
卷积层 1	卷积核大小为 5×5,卷积核的个数为 16,卷积的方式采用零填充方式
批量归一化层 1	加快训练时网络的收敛速度
非线性激励函数 1	采用 ReLU 函数
池化层 1	池化方式:平均池化;池化区域为 2×2,步长为 2
卷积层 2	卷积核大小为 3×3,卷积核的个数为 32,卷积的方式采用零填充方式
批量归一化层 2	加快训练时网络的收敛速度
非线性激励函数 2	采用 ReLU 函数
池化层 2	池化方式:最大池化;池化区域为 2×2,步长为 1
卷积层 3	卷积核大小为 1×1,卷积核的个数为 64,卷积的方式采用零填充方式
批量归一化层 3	加快训练时网络的收敛速度
非线性激励函数 3	采用 ReLU 函数
Dropout	随机将 30% 的输入设置为 0,防止过拟合
全连接层	全连接层输出的个数为 1
回归层	—

8. 利用 Deep Learning Network Analyzer 查看 AlexNet、VGG16、GoogLeNet 的网络结构。

9. 基于 MATLAB 深度学习工具箱的 imageDatastore 函数,导入自己制作的用于分类的数据集。

10. 与顺序连接的卷积神经网络相比,具有捷径连接的卷积神经网络的优势是什么?

11. 下列程序的功能是什么? 请为下列程序添加注释。

```
********************************************************************
% 功能: _____

% _____
unzip('MerchData.zip');
imds = imageDatastore('MerchData', ...
    'IncludeSubfolders',true, ...
    'LabelSource','foldernames');

% _____
[imdsTrain,imdsValidation] = splitEachLabel(imds,0.8,'randomized');

% _____
net = alexnet;

% _____
layersTransfer = net.Layers(1:end - 3);

% _____
numClasses = numel(categories(imdsTrain.Labels));

% _____
layers = [
    layersTransfer
    fullyConnectedLayer(numClasses)
    softmaxLayer
    classificationLayer ];


% _____
inputSize = net.Layers(1).InputSize;

% _____
augimdsTrain = augmentedImageDatastore(inputSize(1:2),imdsTrain);
% _____
augimdsValidation = augmentedImageDatastore(inputSize(1:2),imdsValidation);

% _____
options = trainingOptions('sgdm', ...
    'MiniBatchSize',50, ...
    'MaxEpochs',30, ...
    'InitialLearnRate',0.0001, ...
    'Shuffle','every - epoch', ...
    'ValidationData',augimdsValidation, ...
    'ValidationFrequency',3, ...
    'Verbose',true, ...
```

```matlab
'Plots', 'training - progress');

%  _____
    netTransfer = trainNetwork(augimdsTrain, layers, options);

%  _____
[YPred, scores] = classify(netTransfer, augimdsValidation);

%  _____
YValidation = imdsValidation.Labels;
accuracy = mean(YPred == YValidation)

%  _____
figure
confusionchart(YValidation, YPred)
```

CHAPTER

5

应用案例深度解析

5.1 基于卷积神经网络的图像分类

《史记》有记载：赵高指鹿为马，混淆是非；《艾子杂说》中，有人欲以鹘猎兔而不识鹘，买凫捉兔，成为笑谈。上述两个历史典故，都与"分类"相关。千年之后的今天，深度学习技术极大地提高了图像分类的准确性并将其广泛地应用于生活中，如网络图像检索、人脸识别等。本节就来看一下，那些经典的卷积神经网络是否能分得清"鹿"和"马"，是否能认得"鹘"和"凫"。

本节将重点讲解如下内容：
- 图像分类的概念及其评价指标；
- 基于特征提取的分类方法的不足；
- 通过编程体验基于卷积神经网络的图像分类；
- 体验噪声干扰对基于卷积神经网络的图像分类的影响。

5.1.1 什么是图像分类

与文字相比，图像能够提供更加生动、更易理解、更加直观的信息，是人们传递与交换信息的重要来源。本节专注于计算机视觉和人工智能的一个重要研究领域的一个重要问题(关于计算机视觉及其发展，详见本章的"扩展阅读")，即图像分类。图像分类,顾名思义,是一个输入图像,输出对该图像内容分类的描述;或者是判断图像中是否包含一个已知类别的物体(见图 5.1.1)。图像分类核心是从给定的分类集合中给图像分配一个标签,标签来自预定义的可能类别集。图像分类是目标检测、图像分割、物体跟踪、行为分析等其他高层次计算机视觉任务的基础;它在很多领域都有应用,如互联网图像检索、无人驾驶车辆交通标志识别、医疗图像判读等。

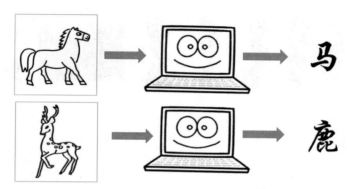

图 5.1.1　图像分类示意图

那么如何对图像分类呢? 传统的方法是对输入的图像提取特征(常见的特征包括颜色特征、角点特征、边缘特征、轮廓特征、纹理特征、统计特征等),并对这些特征进行编码(常见的编码方法包括向量量化编码、稀疏编码等),然后,采用特征分类器(常见的特征分类器为支持向量机,对支持向量机的介绍详见 1.3 节)对编码后的特征进行分门别类,以判断图像的类别。在上述过程中,存在如下问题:

问题 1,如何选择区分度高的特征? 如果要让计算机识别"马",仅把棕色作为区分特征显然是不行的,因为不同品种的马,颜色可能不同,即使毛色或皮肤的颜色是棕色的动物,也未必是马;就算联合使用多个特征,也未必能达到高区分度的效果。

问题 2,如何使特征具有稳定性? 正所谓"横看成岭侧成峰,远近高低各不同",对于同一个物体来说,观察的角度不同、位置不同、环境不同,所呈现的图像也是不同的,当然其表现出的特征也不尽相同(见图 5.1.2)。如果把特征分为底层特征(如"马的颜色""鹿的轮廓"等)和抽象特征(如"有没有犄角""尾巴的长短"等),越是底层的特征,稳定性越差,如"马的颜色"可能受环境的影响而略有差异,"鹿的轮廓"随观察的角度不同而不同。

问题 3,如何表达抽象性特征? 可以通过"有没有犄角""尾巴的长短"等这样抽象的特征来区分麋鹿和骏马,对于人类而言,这个过程非常简单,只要看一眼图片,大脑就可以获取这些特征。但对于计算机而言,一幅图像就是以特定方式存储的数字(关于数字图像的讨论,详见 3.1 节的"扩展阅读"),让计算机通过一系列计算,从这些数字中提取"有没有犄角""尾巴的长短"这样的抽象特征,难度极大。

图 5.1.2 图像分类的难点问题

5.1.2 评价分类的指标

常用的评价图像分类性能的指标有准确率、精确率和召回率。准确率是用分类正确的样本数除以所有的样本数,这个概念很好理解。下面着重介绍精确率和召回率。

假设现在有这样一个测试集,测试集中的图片只由鹿和马两种图像组成,假设你的分类系统最终的目的是:能取出测试集中所有鹿的图像,而不是马的图像,测试集中鹿的图像为正样本、马的图像为负样本,进行如下定义:

- tp(true positives)——正样本被正确识别为正样本数量,即鹿的图像被正确地识别成了鹿的图像数量。
- tn(true negatives)——负样本被正确识别为负样本数量,即:马的图像被正确地识别成了马的图像数量。
- fp(false positives)——负样本被错误识别为正样本数量,即:马的图像被错误地识别成了鹿的图像数量。
- fn(false negatives)——正样本被错误识别为负样本数量,即:鹿的图像被错误地识别成了马的图像。

精确率(precision)就是在识别出来的图片中,tp 所占的比率,即被计算机程序识别出来的鹿中,真正的鹿的图像所占的比例。

$$精确率 = \frac{tp}{tp + fp}$$

召回率(recall)是测试集中所有正样本中,被正确识别为正样本的比例。也就是本假设中,被计算机程序正确识别出来的鹿的图像个数与测试集中所有鹿的图像个数的比值。

$$召回率 = \frac{tp}{tp + fn}$$

5.1.3　基于深度学习和数据驱动的图像分类

随着大数据和深度学习技术的发展,基于深度学习和数据驱动的图像分类方法粉墨登场,并大显身手;特别是在 2012 年的 ImageNet 挑战赛上的优异表现,更是奠定了其"霸主"的地位。基于深度学习和数据驱动的图像分类的主要步骤如下:

步骤 1,构建数据集,用于对深度神经网络模型进行训练和验证。

步骤 2,采用数据集,对深度神经网络进行训练和验证;在训练过程中,深度网络自动提取数据集的特征并与分类标签相对应。

步骤 3,采用新的数据,对训练好的深度神经网络进行测试。

基于深度学习和数据驱动的图像分类过程示意图如图 5.1.3 所示。

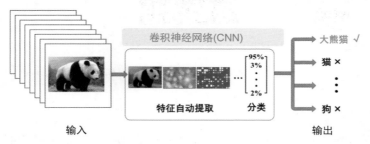

图 5.1.3　基于深度学习和数据驱动的图像分类过程示意图

5.1.4　传统的图像分类与基于深度学习的图像分类的区别

基于深度学习的图像分类与传统的图像分类方法相比,其最大的特点就是它所采用的特征是从大量数据样本中自动学习得到的,并非人为设计;同时,卷积神经网络实现了特征提取与分类的一体化,最大限度地发挥了二者联合协作的性能优势。传统的图像分类方法将特征提取与表示和分类分开进行,效率较低,同时,特征提取与表示也依赖于先验知识。传统的图像分类与基于深度学习的图像分类的区别如图 5.1.4 所示。

5.1.5　基于 AlexNet 的图像分类

例程 5.1.1 是基于 AlexNet 卷积神经网络对 MATLAB 自带图像进行分类的程序,其运行效果如图 5.1.5 所示。

例程 5.1.1

```
*******************************************************************
%% 程序说明
% 实例 5.1.1
% 功能:基于 AlexNet 卷积神经网络对 MATLAB 自带图像进行分类
% 作者:zhaoxch_mail@sina.com
```

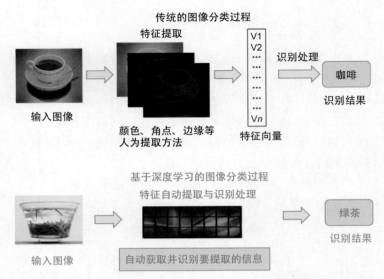

图 5.1.4 传统的图像分类与基于深度学习的图像分类的区别示意图

```
% 时间: 2020 年 3 月 1 日

%% 导入预训练好的 AlexNet,并确定该网络输入图像的大小以及分类种类的名称
net = alexnet; % 将 AlexNet 导入工作区
inputSize = net.Layers(1).InputSize; % 获取 AlexNet 输入层中输入图像的大小
classNames = net.Layers(end).ClassNames; % 获取 AlexNet 输出层中的分类

%% 读入两幅 MATLAB 自带的 RGB 图像,并将图像的大小变换成与 AlexNet 输入层中输入图
%% 像相同的大小
I = imread('peppers.png');
figure
imshow(I)
I = imresize(I,inputSize(1:2));

J = imread('peacock.jpg');
figure
imshow(J)
J = imresize(J,inputSize(1:2));

%% 基于 AlexNet 对两幅输入的图像进行分类
[label1,scores1] = classify(net,I);
[label2,scores2] = classify(net,J);

%% 在图像上显示分类结果及概率
figure
imshow(I)
title(string(label1) + ", " + num2str(100 * scores1(classNames == label1),
3) + "%");
```

```
figure
imshow(J)
title(string(label2) + ", " + num2str(100 * scores1(classNames == label2),3) +
"%");
    *****************************************************************
```

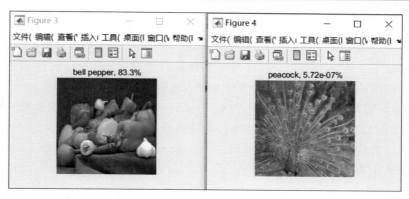

图 5.1.5　例程 5.1.1 的运行效果

　　由图 5.1.5 可知，AlexNet 卷积神经网络对所输入的两幅图像分类正确（bell
pepper：彩椒，peacock：孔雀）。

　　如图 5.1.6 所示，MATLAB 中还自带有多幅 RGB 图像，文件名称如下：

图 5.1.6　部分 MATLAB 自带的可供测试的 RGB 图像

```
'sherlock. jpg', 'car2. jpg', 'fabric. png', 'greens. jpg', 'hands1. jpg', 'kobi. png',
'lighthouse. png', 'micromarket. jpg', 'office _ 4. jpg', 'onion. png', 'pears. png',
'yellowlily. jpg', 'indiancorn. jpg', 'flamingos. jpg', 'sevilla. jpg', 'llama. jpg',
'parkavenue. jpg', 'peacock. jpg', 'car1. jpg', 'strawberries. jpg', 'wagon. jpg'
```

读者可根据需要调用、测试。

5.1.6　基于 GoogLeNet 的图像分类

例程 5.1.1 是对 MATLAB 自带的图像进行分类,下面通过例程 5.1.2 来实现对外部输入的 RGB 图像进行分类。首先,将本书配套资料中的图片 deer.jpg、horse.jpg 复制到 C:\我的文档\MATLAB 文件夹下(注: 由于版本及安装路径不同,MATLAB 文件夹的路径也不相同,请读者按照自己计算机上安装 MATLAB 的实际情况进行操作,此处的路径为 C:\Users\zhao\Documents\MATLAB)。

例程 **5.1.2**

```
*********************************************************************
%% 程序说明
% 例程 5.1.1
% 功能: 基于 GoogLeNet 卷积神经网络对图像进行分类
% 作者: zhaoxch_mail@sina.com
% 时间: 2020 年 3 月 15 日
% 版本: DLTEXC501 - V1

%% 导入预训练好的 GoogLeNet,并确定该网络输入图像的大小以及分类种类的名称
net = googLeNet;                          % 将 GoogLeNet 导入工作区
inputSize = net.Layers(1).InputSize;      % 获取 GoogLeNet 输入层中输入图像的大小
classNames = net.Layers(end).ClassNames;  % 获取 GoogLeNet 输出层中的分类

%% 读入两幅 RGB 图像,并将图像的大小变换成与 GoogLeNet 输入层中输入图像相同的大小
I = imread('deer.jpg');
figure
imshow(I)
I = imresize(I,inputSize(1:2));

J = imread('horse.jpg');
figure
imshow(J)
J = imresize(J,inputSize(1:2));

%% 基于 GoogLeNet 对输入的图像进行分类
[label1,scores1] = classify(net,I);
[label2,scores2] = classify(net,J);

%% 在图像上显示分类结果及概率
```

```
figure
imshow(I)
title(string(label1) + ", " + num2str(100 * scores1(classNames == label1),
3) + "%");

figure
imshow(J)
title(string(label2) + ", " + num2str(100 * scores1(classNames == label2),
3) + "%");
**********************************************************************
```

例程 5.1.2 的运行效果如图 5.1.7 所示,成功地对输入图像进行了分类。
(注:分类结果中 impala 为黑斑羚,sorrel 为栗色的马。)

图 5.1.7　例程 5.1.2 的运行效果

5.1.7　基于卷积神经网络的图像分类抗干扰性分析

在例程 5.1.1 和例程 5.1.2 所采用的图像中,目标物体清晰,且不存在任何干扰,这是一种非常理想的情况,在实际生活中,图像中往往存在着某种干扰。下面就来看一下存在干扰时,是否会影响卷积神经网络图像分类的性能。

1. 抗装饰性干扰的分析

所谓装饰性干扰,就是图像中的目标物体被添加了种种装饰,如图 5.1.8 所示,图像中的狗被戴上了眼镜,而在实际生活中,狗是很少被戴眼镜的。下面就来测试一下卷积神经网络能否认得出“戴眼镜的小狗”。

例程 5.1.3 是用 VGG-16 卷积神经网络对如图 5.1.8 所示的图片进行分类的程序(注:在运行例程 5.1.3 时,请将本书配套资料中名为 glassdog.jpg 的图像复制到 C:\我的文档\ MATLAB 文件夹下,由于版本及安装路径不同,MATLAB 文件夹的路径也不相同,请读者按照自己计算机上安装 MATLAB 的实际情况进行操作),其分类结果如图 5.1.9 所示。

图 5.1.8 存在装饰性干扰的图片示例

例程 5.1.3

```
********************************************************************
%% 程序说明
% 例程 5.1.3
% 功能: 基于 VGG16 卷积神经网络对图像进行分类
% 作者: zhaoxch_mail@sina.com
% 时间: 2020 年 3 月 15 日

%% 导入预训练好的 VGG16 卷积神经网络,并确定该网络输入图像的大小以及分类种类的
名称
net = vgg16;                              % 将 VGG16 卷积神经网络导入工作区
inputSize = net.Layers(1).InputSize;
                                  % 获取 VGG16 卷积神经网络输入层中输入图像的大小
classNames = net.Layers(end).ClassNames; % 获取 VGG16 卷积神经网络输出层中的分类

%% 读入 RGB 图像,并将图像变换成与 VGG16 卷积神经网络输入层中输入图像相同的大小
I = imread('glassdog.jpg');
figure
imshow(I)
I = imresize(I,inputSize(1:2));

%% 基于 VGG16 卷积神经网络对输入的图像进行分类
[label1,scores1] = classify(net,I);

%% 在图像上显示分类结果及概率
figure
imshow(I)
title(string(label1) + ", " + num2str(100 * scores1(classNames == label1),3) +
"%");

********************************************************************
```

图 5.1.9　例程 5.1.3 的运行效果

由图 5.1.9 可知，VGG-16 网络对图 5.1.8 所示的具有装饰性干扰的图像分类正确（注：分类结果中 miniature schnauzer 为小型雪纳瑞犬）。

感兴趣的读者可以添加其他具有装饰性图像进行测试。

2. 抗噪声性干扰的分析

由例程 5.1.1 可知，AlexNet 可对名为 peppers.png 的图像进行正确分类。下面通过例程 5.1.4 对该图像添加噪声，看一下卷积神经网络抗噪声干扰的性能如何。

例程 5.1.4

```
************************************************************
%% 程序说明
% 例程 5.1.4
% 功能: 基于 AlexNet 卷积神经网络对添加噪声图像进行分类
% 作者: zhaoxch_mail@sina.com
% 时间: 2020 年 3 月 15 日

%% 导入预训练好的 AlexNet,并确定该网络输入图像的大小以及分类种类的名称
net = alexnet;                          % 将 AlexNet 导入工作区
inputSize = net.Layers(1).InputSize;    % 获取 AlexNet 输入层中输入图像的大小
classNames = net.Layers(end).ClassNames;% 获取 AlexNet 输出层中的分类

%% 读入 MATLAB 自带的 RGB 图像,改变图像大小并添加噪声
I = imread('peppers.png');
figure
imshow(I)
I = imresize(I,inputSize(1:2));
I = imnoise(I,'salt & pepper');         % 添加椒盐噪声
```

```
%% 基于 AlexNet 对添加噪声后的图像进行分类
[label1,scores1] = classify(net,I);

%% 在图像上显示分类结果及概率
figure
imshow(I)
title(string(label1) + ", " + num2str(100 * scores1(className == label1),3) +
"%");
****************************************************************
```

由图 5.1.10 可知,在对图像添加噪声后,AlexNet 卷积神经网络将图像中的彩椒误识别成草莓(strawberry),由此可见其对噪声干扰的脆弱性。

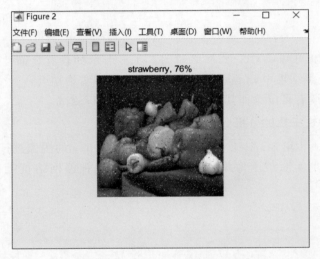

图 5.1.10　例程 5.1.4 的运行效果

| 扩展阅读 |

计算机视觉的发展之路

　　人类感知外部世界主要是通过视觉、触觉、听觉和嗅觉等感觉器官,其中约 80% 的信息是由视觉获取的,正如"百闻不如一见""眼睛是心灵的窗户""眼见为实"。

　　计算机视觉(Computer Vision,CV)是一门研究如何让计算机达到像人类那样"看"的学科,它是利用视觉传感器和计算机代替人眼和大脑,使得计算机拥有类似于人类的那种对目标进行分割、分类、识别、跟踪、重构、判别决策的能力,它是人工智能领域的一个重要部分。计算机视觉的最终研究目标就是使计算机能像人那样通过视觉观察和理解世界,具有自主适应环境的能力。

　　计算机视觉的发展史可以追溯到 1966 年,著名的人工智能学家马文·明斯基给他的学生布置了一道非常有趣的暑假作业,就是让学生在计算机前面连一个摄像机,然后写一个程序,让计算机告诉我们摄像头看到了什么。这是计算机视觉发展的一个起点。

20 世纪 70 年代,研究者认为要让计算机认知到底看到了什么,可能首先要了解人是怎样去理解这个世界的。因为那时有一种普遍的认知,认为人之所以理解这个世界,是因为人有两只眼睛,人看到的世界是立体的,人能够从这个立体的形状里面理解这个世界。在这种认知下,研究者希望先把三维结构从图像中恢复出来,在此基础上再去做理解和判断。

20 世纪 80 年代,人们发现要让计算机理解图像,不一定先要恢复物体的三维结构。例如,让计算机识别一匹马,要让计算机事先知道马的特征;只有建立了这样一个先验知识库,计算机才可能将这样的先验知识和所看到物体的表征进行匹配。如果能够匹配,计算机就算识别或者理解了所看到的物体。因此,特征提取和匹配成为当时计算机视觉研究的主流。

20 世纪 90 年代统计方法的流行,让研究者找到了能够刻画物品特质的一些局部特征(局部不变特征),比如,要识别一辆卡车,可通过形状、颜色、纹理完成,但效果可能并不稳定,如果通过局部特征,即使视角变化了,也会准确对其进行辨识。

2000 年以后,机器学习方法开始盛行。以前需要通过一些规则、知识或者统计模型去识别图像所代表的物品是什么,但是机器学习的方法和以前完全不一样,机器学习能够从海量数据中自动归纳物品的特征,然后去识别它。

2010 年以后,随着 AlexNet 以 15.4% 的低失误率,并且领先第二名将近 11% 的优势夺得 2012 年 ImageNet 挑战赛的冠军,采用深度学习方法的计算视觉重新得到人们的重视,各大企业(如谷歌、微软、百度、阿里巴巴)等均投入巨大资源进行深度学习研发,并取得了一些突破。

| 编程体验 |

体验 GoogLeNet 识别图像的抗噪声能力

编程体验:输入一幅图片(将本书配套资料名为 panda. jpg 的图像复制到 C:\我的文档\ MATLAB 文件夹下,由于版本及安装路径不同,MATLAB 文件夹的路径也不相同,请读者按照自己计算机上安装 MATLAB 的实际情况进行操作),采用 GoogLeNet 对其进行分类,然后添加椒盐噪声,再用 GoogLeNet 对其进行分类。例程 5.1.5 的运行效果如图 5.1.11 所示。

例程 5.1.5

```
***************************************************************
%% 程序说明
% 例程 5.1.5
% 功能:基于 GoogLeNet 卷积神经网络对图像及添加噪声的图像分类
```

```
% 作者: zhaoxch_mail@sina.com
% 时间: 2020 年 3 月 16 日

%% 导入预训练好的 GoogLeNet,并确定该网络输入图像的大小以及分类种类的名称
net = googLeNet;                          % 将 GoogLeNet 导入工作区
inputSize = net.Layers(1).InputSize;      % 获取 GoogLeNet 输入层中输入图像的大小
classNames = net.Layers(end).ClassNames;  % 获取 GoogLeNet 输出层中的分类

%% 读入 RGB 图像,改变图像大小,并添加噪声
I = imread('panda.jpg');
figure
imshow(I)
I = imresize(I,inputSize(1:2));
J = imnoise(I,'salt & pepper',0.2);       % 添加椒盐噪声

%% 基于 GoogLeNet 对输入的图像及添加噪声后的图像进行分类
[label1,scores1] = classify(net,I);
[label2,scores2] = classify(net,J);

%% 在图像上显示分类结果及概率
figure
imshow(I)
title(string(label1) + ", " + num2str(100 * scores1(classNames == label1),
3) + "%");

figure
imshow(J)
title(string(label2) + ", " + num2str(100 * scores1(classNames == label2),
3) + "%");
********************************************************************
```

图 5.1.11 例程 5.1.5 的运行效果

5.2 基于 LeNet 卷积神经网络的交通灯识别

交通灯识别在智能驾驶中起着重要的作用。传统的基于特征(如基于颜色、形状等)的方法容易受到光照、视角的影响以及相似物体的干扰,成功率不高。本节通过设计深度卷积网络来进行交通灯的识别。

本节的重点内容如下:

- 如何根据实际需求,对 LeNet 进行改进;
- 巩固第 4 章中所讲解的如何导入训练数据、如何构建网络、如何检查网络、如何训练网络等内容。

5.2.1 实例需求

例 5.2.1 基于 LeNet 的基本构架,设计一种卷积神经网络并对其进行训练,实现对输入的交通灯图像进行分类,计算分类准确率。

5.2.2 卷积神经网络设计

如图 5.2.1 所示,采用 LeNet 为基本构架来设计用于交通灯识别的卷积神经网络,需要将 LeNet 的网络输出分类根据数据集的分类进行改变。关于 LeNet 卷积神经网络的分析与介绍详见 3.4 节。

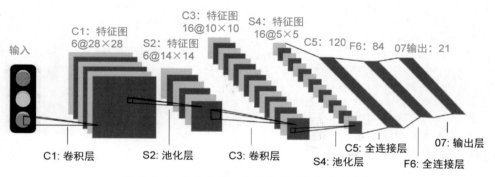

图 5.2.1 基于 LeNet 构架的交通灯分类示意图

改进后的网络结构表 5.2.1 所示。

表 5.2.1 改进后的网络结构

名 称	输 入	卷 积 核	步长	输 出
输入层	像素:60×20 通道数:3	—	—	大小:60×20 通道数:3

名　　　称	输　　　入	卷　积　核	步长	输　　　出
卷积层 1	大小：60×20 通道数：3	大小：5×5 通道数：3 个数：6	1	大小：60×20 通道数：6
池化层 1	大小：60×20 通道数：6	—	2	大小：30×10 通道数：6
卷积层 2	大小：30×10 通道数：6	大小：5×5 通道数：6 个数：16	1	大小：30×10 通道数：16
池化层 2	大小：30×10 通道数：16	—	2	大小：15×5 通道数：16
卷积层 3	大小：15×5 通道数：16	大小：5×5 通道数：16 个数：120	—	大小：15×5 通道数：120
全连接层 1	15×5×120	—	—	84
全连接层 2	84			21(注：数据集的分类数)
Softmax 层	21			21
分类输出层	21	—	—	1

对于如表 5.2.1 所示的网络结构，其实现程序如下：

```
LeNet = [imageInputLayer([60 20 3],'Name','input')
    convolution2dLayer([5 5],6,'Padding','same','Name','Conv1')
    maxPooling2dLayer(2,'Stride',2,'Name','Pool1')
    convolution2dLayer([5 5],16,'Padding','same','Name','Conv2')
    maxPooling2dLayer(2,'Stride',2,'Name','Pool2')
    convolution2dLayer([5 5],120,'Padding','same','Name','Conv3')
    fullyConnectedLayer(84,'Name','fc1')
    fullyConnectedLayer(numClasses,'Name','fc2')
    softmaxLayer('Name','softmax')
    classificationLayer('Name','output') ];
```

5.2.3　加载交通灯数据集

本节中所采用的数据集见本书配套资料中的文件夹 Traffic Light Samples。该数据集中的部分图像如图 5.2.2 所示。

该样本中有 21 个分类，每一个分类都有自己的标签。分类标签由字母数字及下画线组成。具体含义如下：G 代表绿灯，R 代表红灯等。AF 代表向前箭头。AL 代表向左箭头，AR 代表向右箭头，C 代表圆形，数字代表灯的个数，N 代表负样本（不是交通灯）。如图 5.2.3 所示的图像的分类标签为 RC_3，如图 5.2.4 所示的图像的分类标签为 GAL_3。

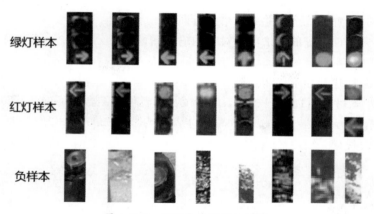

图 5.2.2 数据集中的部分图像

图 5.2.3 分类标签为 RC_3 的图像

图 5.2.4 分类标签为 GAL_3 的图像

将名为 Traffic Light Samples 的文件夹复制到图像数据集在 C 盘的\Documents\MATLAB 下(注：MATLAB 安装在不同的硬盘分区里,路径可能不同。此处的路径为 C:\Users\zhao\Documents\MATLAB),通过如下程序段进行加载。

```
imds = imageDatastore('Traffic Light Samples', ...
'IncludeSubfolders',true, 'LabelSource','foldernames');
```

5.2.4 程序实现

实现 5.2.1 节的实例需求主要包括以下几个步骤：

步骤 1,加载交通灯数据样本;

步骤 2,将样本划分为训练集与测试集;

步骤 3,构建改进的 LeNet 卷积神经网络并进行分析;

步骤 4,将训练集与验证集中图像的大小调整为与所设计的网络输入层的大小相同;

步骤 5,配置训练选项并对网络进行训练；

步骤 6,将训练好的网络用于对新的输入图像进行分类,并计算准确率；

步骤 7,显示验证效果；

步骤 8,创建并显示混淆矩阵。

上述步骤可以通过例程 5.2.1 来实现。读者可以结合程序的注释以及第 4 章的相关内容进行理解。例程 5.2.1 的运行效果如图 5.2.5～图 5.2.8 所示。

例程 5.2.1

```matlab
**************************************************************
%% 程序说明
% 实例 5.2.1
% 功能: 对输入的交通灯图像进行分类
% 作者: zhaoxch_mail@sina.com
% 时间: 2020 年 4 月 2 日
% 注: 请将本书配套资料中的 Traffic Light Samples 文件夹复制到 MATLAB 文件下

%% 清除内存、清除屏幕
clear
clc

%% 步骤 1: 加载交通灯数据样本
imds = imageDatastore('Traffic Light Samples', ...
    'IncludeSubfolders',true, ...
'LabelSource','foldernames');

%% 步骤 2: 将样本划分为训练集与测试集,并随机显示训练集中的图像
[imdsTrain,imdsValidation] = splitEachLabel(imds,0.7);

% 统计训练集中分类标签的数量
numClasses = numel(categories(imdsTrain.Labels));

% 随机显示训练集中的部分图像
numTrainImages = numel(imdsTrain.Labels);
idx = randperm(numTrainImages,16);
figure
for i = 1:16
    subplot(4,4,i)
    I = readimage(imdsTrain,idx(i));
    imshow(I)
end

%% 步骤 3: 构建改进的 LeNet 卷积神经网络并进行分析
% 构建改进 LeNet 卷积神经网络
LeNet = [imageInputLayer([60 20 3],'Name','input')
    convolution2dLayer([5 5],6,'Padding','same','Name','Conv1')
    maxPooling2dLayer(2,'Stride',2,'Name','Pool1')
    convolution2dLayer([5 5],16,'Padding','same','Name','Conv2')
    maxPooling2dLayer(2,'Stride',2,'Name','Pool2')
```

```
        convolution2dLayer([5 5],120,'Padding','same','Name','Conv3')
        fullyConnectedLayer(84,'Name','fc1')
        fullyConnectedLayer(numClasses,'Name','fc2')
        softmaxLayer( 'Name','softmax')
        classificationLayer('Name','output') ];

%  对构建的网络进行可视化分析
lgraph = layerGraph(LeNet);
analyzeNetwork(lgraph)


%% 步骤 4：将训练集与验证集中图像的大小调整为与所设计的网络输入层的大小相同
inputSize = [60 20 3];
%  将训练图像的大小调整为与输入层的大小相同
augimdsTrain = augmentedImageDatastore(inputSize(1:2),imdsTrain);
%  将验证图像的大小调整为与输入层的大小相同
augimdsValidation = augmentedImageDatastore(inputSize(1:2),imdsValidation);

%% 步骤 5：配置训练选项并对网络进行训练
%  配置训练选项
options = trainingOptions('sgdm', ...
        'InitialLearnRate',0.001, ...     % 体会初始学习率为 0.01 以及 0.0001
        'MaxEpochs',3, ...                % 可以对最大轮数进行设置,体会对准确率的影响
        'Shuffle','every-epoch', ...
        'ValidationData',augimdsValidation, ...
        'ValidationFrequency',30, ...
        'Verbose',true, ...
        'Plots','training-progress');

%  对网络进行训练
net = trainNetwork(augimdsTrain,LeNet,options);

%% 步骤 6：将训练好的网络用于对新的输入图像进行分类,并计算准确率
YPred = classify(net,augimdsValidation);
    YValidation = imdsValidation.Labels;
    accuracy = sum(YPred == YValidation)/numel(YValidation)

%% 步骤 7：显示验证效果
idx = randperm(numel(imdsValidation.Files),4);
figure
for i = 1:4
    subplot(2,2,i)
    I = readimage(imdsValidation,idx(i));
    imshow(I)
    label = YPred(idx(i));
    title(string(label));
end

%% 步骤 8：创建并显示混淆矩阵
figure
confusionchart(YValidation,YPred)
**********************************************************
```

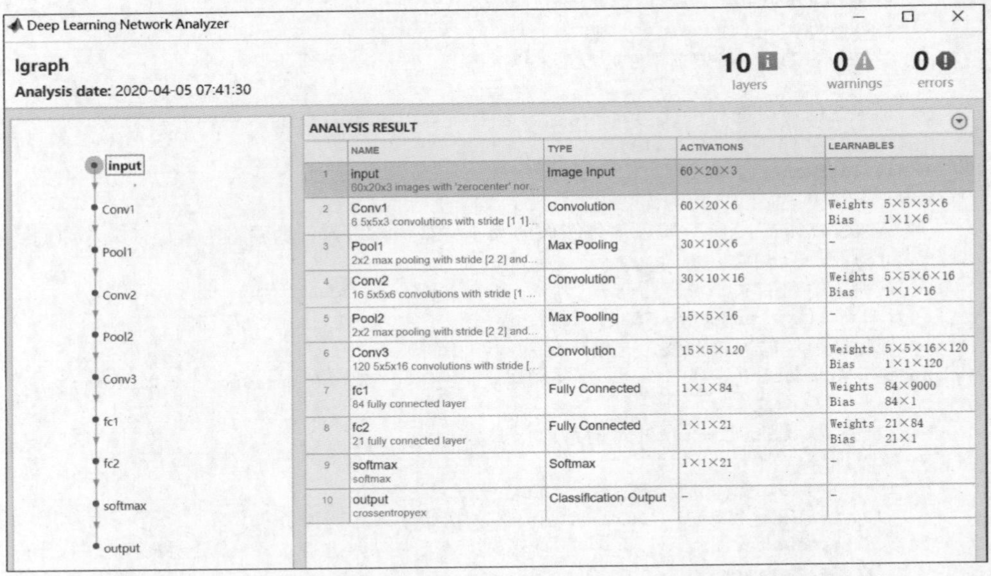

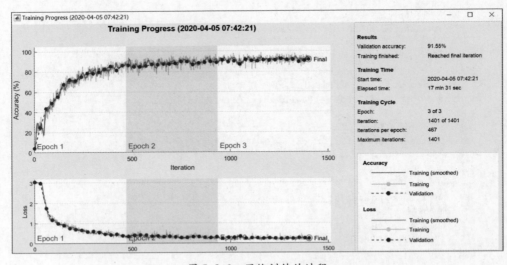

图 5.2.5 采用 Deep Learning Network Analyzer 对网络进行分析

图 5.2.6 网络训练的过程

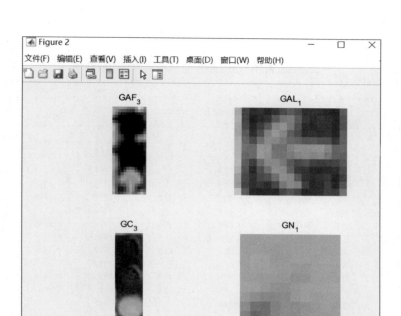

图 5.2.7 随机显示测试的效果

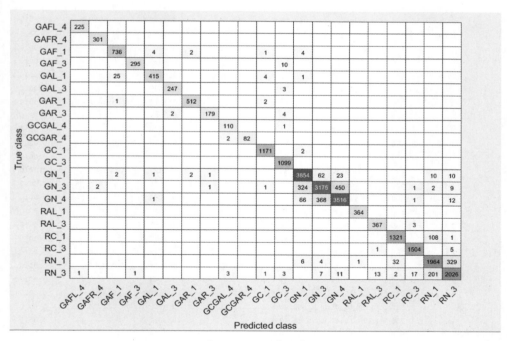

图 5.2.8 混淆矩阵

由于在配置选项中，将'Verbose'设置为 true，所以该网络的训练和验证过程也会在命令窗口中显示，如表 5.2.1 所示。

表 5.2.1 例程 5.2.1 的运行效果在命令窗口显示

Epoch	Iteration	Time Elapsed (hh:mm:ss)	Mini-batch Accuracy	Validation Accuracy	Mini-batch Loss	Validation Loss	Base Learning Rate
1	1	00:00:21	7.81 %	4.22 %	3.0434	3.0434	0.0010
1	30	00:00:50	27.34 %	24.84 %	2.9917	2.9821	0.0010
1	50	00:00:54	31.25 %		2.4262		0.0010
1	60	00:01:16	42.19 %	43.69 %	1.6757	1.7477	0.0010
1	90	00:01:39	50.00 %	49.13 %	1.1969	1.1690	0.0010
1	100	00:01:41	45.31 %		1.3262		0.0010
1	120	00:02:00	56.25 %	55.40 %	1.0474	0.9887	0.0010
1	150	00:02:29	71.09 %	67.71 %	0.9436	0.8979	0.0010
1	180	00:02:49	71.88 %	72.21 %	0.7619	0.7490	0.0010
1	200	00:02:53	72.66 %		0.6120		0.0010
1	210	00:03:10	68.75 %	71.34 %	0.8437	0.6918	0.0010
1	240	00:03:31	78.13 %	75.11 %	0.6321	0.6572	0.0010
1	250	00:03:33	77.34 %		0.6102		0.0010
1	270	00:03:51	74.22 %	78.45 %	0.5568	0.5738	0.0010
1	300	00:04:10	82.03 %	78.21 %	0.5187	0.5970	0.0010
1	330	00:04:30	79.69 %	79.63 %	0.6066	0.5501	0.0010
1	350	00:04:34	81.25 %		0.4331		0.0010
1	360	00:04:58	78.91 %	82.51 %	0.5205	0.4559	0.0010
1	390	00:05:22	82.03 %	85.20 %	0.4436	0.4258	0.0010
1	400	00:05:24	85.16 %		0.4659		0.0010
1	420	00:05:44	84.38 %	81.29 %	0.4423	0.4566	0.0010
1	450	00:06:06	85.94 %	86.02 %	0.4426	0.3777	0.0010
2	480	00:06:27	92.19 %	86.21 %	0.2740	0.3452	0.0010
2	500	00:06:31	83.59 %		0.5579		0.0010
2	510	00:06:48	87.50 %	84.79 %	0.3393	0.4049	0.0010
2	540	00:07:08	84.38 %	84.78 %	0.3246	0.4173	0.0010
2	550	00:07:10	82.81 %		0.4454		0.0010
2	570	00:07:30	87.50 %	85.56 %	0.3448	0.4088	0.0010
2	600	00:07:50	82.81 %	86.91 %	0.4438	0.3536	0.0010
2	630	00:08:12	91.41 %	86.66 %	0.2421	0.3640	0.0010
2	650	00:08:16	85.94 %		0.3146		0.0010
2	660	00:08:35	87.50 %	87.25 %	0.3003	0.3235	0.0010
2	690	00:08:56	85.16 %	87.28 %	0.5747	0.3444	0.0010
2	700	00:08:57	89.06 %		0.4063		0.0010
2	720	00:09:16	87.50 %	87.96 %	0.3510	0.3147	0.0010
2	750	00:09:37	92.19 %	89.68 %	0.2726	0.2794	0.0010
2	780	00:09:59	89.06 %	89.63 %	0.3025	0.2875	0.0010
2	800	00:10:02	86.72 %		0.3849		0.0010
2	810	00:10:22	89.84 %	86.72 %	0.2550	0.3263	0.0010
2	840	00:10:45	89.06 %	88.26 %	0.2977	0.3274	0.0010
2	850	00:10:47	86.72 %		0.3011		0.0010
2	870	00:11:06	88.28 %	88.88 %	0.2289	0.2891	0.0010
2	900	00:11:33	85.16 %	89.61 %	0.3398	0.2763	0.0010
2	930	00:11:55	91.41 %	88.78 %	0.2194	0.3144	0.0010

续表

Epoch	Iteration	Time Elapsed (hh:mm:ss)	Mini-batch Accuracy	Validation Accuracy	Mini-batch Loss	Validation Loss	Base Learning Rate
3	950	00:11:59	92.97 %		0.2410		0.0010
3	960	00:12:19	91.41 %	91.15 %	0.2790	0.2444	0.0010
3	990	00:12:40	92.19 %	89.31 %	0.2748	0.2857	0.0010
3	1000	00:12:42	91.41 %		0.2427		0.0010
3	1020	00:13:01	92.19 %	90.12 %	0.1944	0.2831	0.0010
3	1050	00:13:22	91.41 %	87.02 %	0.2794	0.3399	0.0010
3	1080	00:13:44	92.19 %	91.44 %	0.1798	0.2448	0.0010
3	1100	00:13:48	90.63 %		0.2801		0.0010
3	1110	00:14:06	93.75 %	90.49 %	0.1786	0.2634	0.0010
3	1140	00:14:26	94.53 %	90.20 %	0.1955	0.2602	0.0010
3	1150	00:14:28	94.53 %		0.1498		0.0010
3	1170	00:14:46	93.75 %	91.14 %	0.1785	0.2416	0.0010
3	1200	00:15:07	92.97 %	90.81 %	0.2454	0.2567	0.0010
3	1230	00:15:28	90.63 %	90.95 %	0.2325	0.2408	0.0010
3	1250	00:15:32	91.41 %		0.2481		0.0010
3	1260	00:15:49	92.19 %	92.22 %	0.1924	0.2237	0.0010
3	1290	00:16:08	89.84 %	91.37 %	0.2334	0.2445	0.0010
3	1300	00:16:10	92.97 %		0.2195		0.0010
3	1320	00:16:28	92.19 %	91.48 %	0.2337	0.2311	0.0010
3	1350	00:16:48	90.63 %	89.37 %	0.2031	0.2621	0.0010
3	1380	00:17:11	88.28 %	90.51 %	0.2234	0.2449	0.0010
3	1400	00:17:15	93.75 %		0.1551		0.0010
3	1401	00:17:31	92.97 %	91.55 %	0.1967	0.2318	0.0010

　　请读者在理解例程 5.2.8 的基础上,尝试对所设计的网络的结构、学习参数进行调整,实现识别成功率的提升。

5.3　融合卷积神经网络与支持向量机的图像分类

　　在 5.1 节中讲到,在传统的图像分类方法中,特征需要人工提取,如何选择合理的特征至关重要;在 3.2 节的学习过程中,也讲到卷积神经网络的卷积层可以自动提取输入样本的特征进行学习。那么,是否可以采用卷积神经网络进行特征提取,然后将所提取的特征采用传统的分类方法进行分类呢？答案是肯定的。本节将重点讲解融合卷积神经网络与支持向量机的图像分类方法。

　　本节重点讲解如下内容:

- 如何联合使用 CNN 和 SVM 来对图像进行分类;
- 利用从 CNN 中不同的层抽取特征对分类结果的影响。

5.3.1 整体思路

支持向量机是一种分类器，其基本原理已在 1.3 节介绍过，但基于支持向量机的分类需要输入特征，分类器基于特征进行分类；而卷积神经网络可以自动地提取特征并进行层层抽象。因此对于输入图像，可以通过卷积神经网络进行特征提取，并将提取的特征输入支持向量机分类器中，进行分类，整体思路如图 5.3.1 所示。

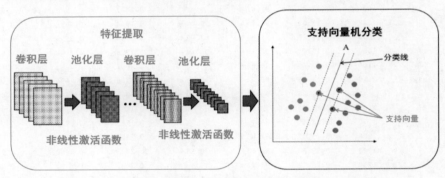

图 5.3.1　分类的整体思路示意图

5.3.2　本节所用到的函数

特征提取与激活函数为 activations。

功能：提取卷积神经网络某层输出的特征信息。

用法：features = activations(net,data,layer,Name,Value)

输入：net——卷积神经网络。

　　　data——输入卷积神经网络的数据。

　　　layer——待提取特征的层的名称。

Name 和 Value 用来设置其他参数的值，如特征输出的形式等。

例如：

```
featuresTrain = activations(net,augimdsTrain,'pool5','OutputAs','rows');
```

上述语句实现的功能是提取名为 net 卷积神经网络在 augimdsTrain 数据的驱动下 pool5 层的特征，输出的形式为列向量。

5.3.3　实现步骤与程序

例程 5.3.1 实现的是将 VGG16 卷积的 'pool5' 层的输出特征作为输入，拟合 SVM 分类器，对输入的图像进行分类。例程 5.3.1 的运行效果如图 5.3.2 所示。

例程 5.3.1

```
*****************************************************
%% 程序说明
% 例程 5.3.1
% 功能：基于卷积神经网络与支持向量机对输入进行分类(提取 vgg16 的 pool5 层)
% 作者：zhaoxch_mail@sina.com
% 时间：2020 年 4 月 6 日

%% 清除内存、清除屏幕
clear
clc

%% 导入数据集，划分训练集与测试集，并随机显示训练集中的 16 幅图像
% 导入数据集
unzip('MerchData.zip');
imds = imageDatastore('MerchData', ...
    'IncludeSubfolders',true, ...
    'LabelSource','foldernames');

% 将数据集划分为训练集与测试集
[imdsTrain,imdsTest] = splitEachLabel(imds,0.7,'randomized');

% 随机显示其中的 16 幅图像
numTrainImages = numel(imdsTrain.Labels);
idx = randperm(numTrainImages,16);
figure
for i = 1:16
    subplot(4,4,i)
    I = readimage(imdsTrain,idx(i));
    imshow(I)
end

%% 加载训练好的网络并显示网络结构
net = vgg16;
analyzeNetwork(net)

%% 将数据集图像大小调整到与网络的大小相同
inputSize = net.Layers(1).InputSize
augimdsTrain = augmentedImageDatastore(inputSize(1:2),imdsTrain);
augimdsTest = augmentedImageDatastore(inputSize(1:2),imdsTest);

%% 提取卷积神经网络中 'pool5'层的特征
layer = 'pool5';
featuresTrain = activations(net,augimdsTrain,layer,'OutputAs','rows');
featuresTest = activations(net,augimdsTest,layer,'OutputAs','rows');

%% 用提取的卷积神经网络(pool5)层的特征拟合 SVM 分类器
YTrain = imdsTrain.Labels;
```

```
classifier = fitcecoc(featuresTrain,YTrain);

%% 用测试集测试分类器的精度,并随机显示测试结果
% 计算准确度
YPred = predict(classifier,featuresTest);
YTest = imdsTest.Labels
accuracy = mean(YPred == YTest)

% 显示分类结果
idx = [1 5 10 15];
figure
for i = 1:numel(idx)
    subplot(2,2,i)
    I = readimage(imdsTest,idx(i));
    label = YPred(idx(i));
    imshow(I)
    title(char(label))
end
*****************************************************************
```

```
编辑器 - C:\Users\zhao\Documents\MATLAB\DLTEXC521.m
DLTEXC521.m  ×  +

0 —     augimdsTest = augmentedImageDatastore(inputSize(1:2),imdsTest);
1
2     %% 提取卷积神经网络中 'pool5' 层的特征
3 —     layer = 'pool5';
4 —     featuresTrain = activations(net,augimdsTrain,layer,'OutputAs','rows');
5 —     featuresTest = activations(net,augimdsTest,layer,'OutputAs','rows');
6
7     %% 用提取的卷积神经网络（pool5）层的特征拟合SVM分类器
8 —     YTrain = imdsTrain.Labels;
9 —     classifier = fitcecoc(featuresTrain,YTrain);
0

命令行窗口
inputSize =

    224    224      3


accuracy =

      1
```

图 5.3.2 例程 5.3.1 的运行效果

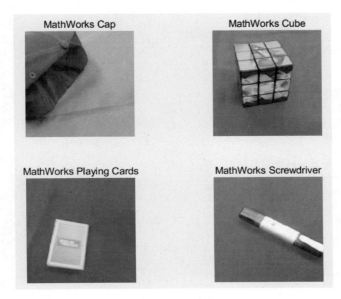

图 5.3.2　（续）

　　如果想要看一下将其他层的特征输入 SVM 分类器的分类效果，可以将例程 5.3.1 中采用 activations 函数提取网络中的层的名称改一下。例程 5.3.2 实现的便是提取 vgg16 网络 pool3 层特征并用于训练 SVM 分类器的程序，其运行效果如图 5.3.3 所示。

　　例程 5.3.2

```
************************************************************
%% 程序说明
% 例程 5.3.2
% 功能：基于卷积神经网络与支持向量机对输入进行分类(提取 vgg16 的 pool3 层)
% 作者：zhaoxch_mail@sina.com
% 时间：2020 年 4 月 6 日

%% 清除内存、清除屏幕
clear
clc

%% 导入数据集，划分训练集与测试集，并随机显示训练集中的 16 幅图像
% 导入数据集
unzip('MerchData.zip');
imds = imageDatastore('MerchData', ...
    'IncludeSubfolders',true, ...
    'LabelSource','foldernames');

% 将数据集划分为训练集与测试集
[imdsTrain,imdsTest] = splitEachLabel(imds,0.7,'randomized');
```

```
% 随机显示其中的 16 幅图像
numTrainImages = numel(imdsTrain.Labels);
idx = randperm(numTrainImages,16);
figure
for i = 1:16
    subplot(4,4,i)
    I = readimage(imdsTrain,idx(i));
    imshow(I)
end

%% 加载训练好的网络并显示网络结构
net = vgg16;
analyzeNetwork(net)

%% 将数据集图像大小调整到与网络的大小相同
inputSize = net.Layers(1).InputSize
augimdsTrain = augmentedImageDatastore(inputSize(1:2),imdsTrain);
augimdsTest = augmentedImageDatastore(inputSize(1:2),imdsTest);

%% 提取卷积神经网络中 pool3 层的特征
layer = 'pool3';
featuresTrain = activations(net,augimdsTrain,layer,'OutputAs','rows');
featuresTest = activations(net,augimdsTest,layer,'OutputAs','rows');

%% 用提取的卷积神经网络 pool3 层的特征拟合 SVM 分类器
YTrain = imdsTrain.Labels;
classifier = fitcecoc(featuresTrain,YTrain);

%% 用测试集测试分类器的精度,并随机显示测试结果
% 计算准确度
YPred = predict(classifier,featuresTest);
YTest = imdsTest.Labels;
accuracy = mean(YPred == YTest)

% 显示分类结果
idx = [1 5 10 15];
figure
for i = 1:numel(idx)
    subplot(2,2,i)
    I = readimage(imdsTest,idx(i));
    label = YPred(idx(i));
    imshow(I)
    title(char(label))
end
********************************************************************
```

为了比较上述卷积神经网络不同层提取的特征对分类效果的不同影响,分别抽取了 pool1、pool2、pool3、pool4、pool5 层的特征,用于支持向量机算法的分类,效果对比如图 5.3.4 所示。由图 5.3.4 可知,层数越高,抽取的特征越抽象,用于分类的效果越好。

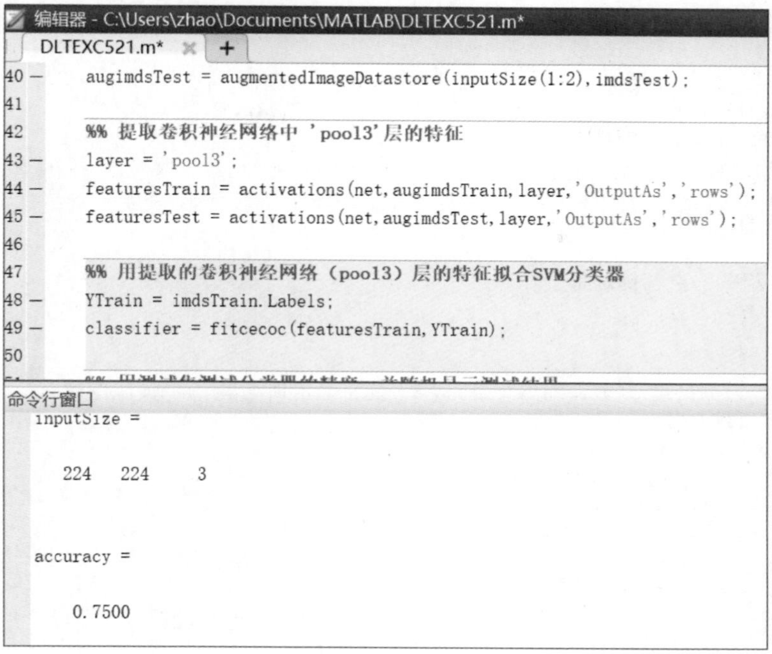

```
编辑器 - C:\Users\zhao\Documents\MATLAB\DLTEXC521.m*
DLTEXC521.m*    ×    +
40 —    augimdsTest = augmentedImageDatastore(inputSize(1:2), imdsTest);
41
42      %% 提取卷积神经网络中 'pool3' 层的特征
43 —    layer = 'pool3';
44 —    featuresTrain = activations(net, augimdsTrain, layer, 'OutputAs', 'rows');
45 —    featuresTest = activations(net, augimdsTest, layer, 'OutputAs', 'rows');
46
47      %% 用提取的卷积神经网络（pool3）层的特征拟合SVM分类器
48 —    YTrain = imdsTrain.Labels;
49 —    classifier = fitcecoc(featuresTrain, YTrain);
50
```

```
命令行窗口
inputSize =

    224    224      3


accuracy =

    0.7500
```

图 5.3.3　例程 5.3.2 的运行效果

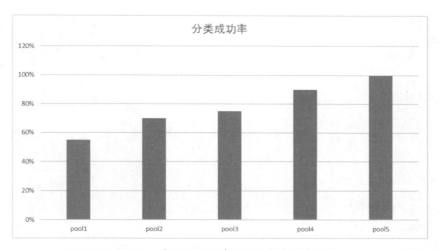

图 5.3.4　采用不同层特征的分类成功率对比

| 编程体验 |

基于 AlexNet 和 SVM 的图像分类

编程体验：提取 AlexNet 的 fc7 层特征，输入 SVM 图像分类器，实现对输入图像的分类。

例程 5.3.3

```
************************************************************
%% 程序说明
%  例程 5.3.3
%  功能：基于卷积神经网络与支持向量机对输入进行分类（提取 AlexNet 的 fc7 层）
%  作者：zhaoxch_mail@sina.com
%  时间：2020 年 4 月 6 日

%% 清除内存、清除屏幕
clear
clc

%% 导入数据集，划分训练集与测试集，并随机显示训练集中的 16 幅图像
%  可加载数据
unzip('MerchData.zip');
imds = imageDatastore('MerchData', ...
    'IncludeSubfolders',true, ...
    'LabelSource','foldernames');

%  将数据分成训练集和测试集
[imdsTrain,imdsTest] = splitEachLabel(imds,0.7,'randomized');

%  随机显示其中的 16 幅图像
numTrainImages = numel(imdsTrain.Labels);
idx = randperm(numTrainImages,16);
figure
for i = 1:16
    subplot(4,4,i);
    I = readimage(imdsTrain,idx(i));
    imshow(I)
end

%% 加载训练好的网络并显示网络结构
%  加载预训练网络
net = alexnet;
%  查看网络结构
net.Layers

%% 将数据集图像大小调整到与网络的大小相同
inputSize = net.Layers(1).InputSize
augimdsTrain = augmentedImageDatastore(inputSize(1:2),imdsTrain);
augimdsTest = augmentedImageDatastore(inputSize(1:2),imdsTest);

%% 提取卷积神经网络中 'fc7'层的特征
layer = 'fc7';
featuresTrain = activations(net,augimdsTrain,layer,'OutputAs','rows');
featuresTest = activations(net,augimdsTest,layer,'OutputAs','rows');

%  提取类别标签
```

```
YTrain = imdsTrain.Labels;
YTest = imdsTest.Labels;

%% 用提取的卷积神经网络(fc7)层的特征拟合 SVM 分类器
classifier = fitcecoc(featuresTrain,YTrain);

%% 用测试集测试分类器的精度,并随机显示测试结果
% 对测试集进行分类
YPred = predict(classifier,featuresTest);

% 预览结果
idx = [1 5 10 15];
figure
for i = 1:numel(idx)
    subplot(2,2,i)
    I = readimage(imdsTest,idx(i));
    label = YPred(idx(i));
    imshow(I)
    title(char(label))
end

% 计算准确率
accuracy = mean(YPred == YTest)
*************************************************************
```

例程 5.3.3 的运行效果如图 5.3.5 所示,读者可以结合注释以及第 4 章讲解的内容对程序进行深入的了解。

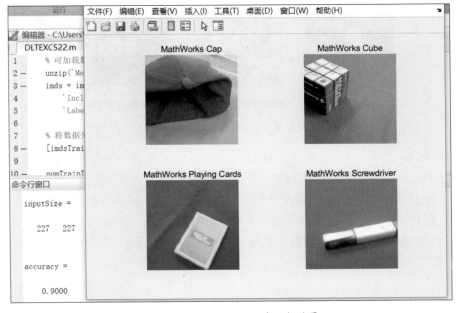

图 5.3.5　例程 5.3.3 的运行效果

5.4　基于 R-CNN 的交通标志检测

目标检测是计算机视觉的一个重要领域，如今，基于深度学习的目标检测技术如雨后春笋，破土而出、蓬勃发展。本节主要介绍基于经典目标检测算法 R-CNN（Regions with CNN features）的交通标志检测。

本节的主要内容包括：
- 目标检测的概念及评价指标；
- R-CNN 的原理及实现步骤；
- 如何使用 Image Labeler 来构建用于训练目标分类器的数据。

5.4.1　目标分类、检测与分割

在计算机视觉领域，目标分类、检测与分割是常用的技术，三者有哪些联系和区别呢？

目标分类，解决的是图像中的物体"是什么"的问题。

目标检测，解决的是图像中的物体（可能有多个物体）"是什么""在哪里"这两个问题。

目标分割，目的是将目标和背景分离，找出目标的轮廓线。

目标分类、检测与分割三者的联系与区别如图 5.4.1 所示。

目标分类　　　　　目标检测　　　　　目标分割

是不是大熊猫？　　有哪些动物？位置？　哪些像素构成了大熊猫？

图 5.4.1　目标分类、检测与分割三者的联系与区别

因此，衡量目标检测性能优劣的指标一方面要体现其分类特性（如准确率、精确率、召回率）；另一方面要体现其定位特征。对于定位特性，常用交并比（IoU）来评判。交并比是计算两个边界框交集和并集之比；它衡量了两个边界框的重叠程度。一般约定，在计算机检测任务中，如果 IoU$\geqslant$0.5，则表示检测正确。IoU 越高，边界框越精确。如果预测器和实际边界框完美重叠，IoU 就是 1，因为交集就等于并集。

5.4.2　目标检测及其难点问题

目标检测就是找出图像中所有感兴趣的目标（物体），确定它们的种类和位置。

由于各类物体有不同的外观、形状、姿态,加上成像时光照、遮挡等因素的干扰,目标检测一直是机器视觉领域最具挑战性的问题之一;此外,目标检测的难点还包括:目标可能出现在图像的任何位置,目标有各种不同的大小,目标可能有各种不同的形状。

传统的目标检测方法是以特征提取与匹配为核心,其流程如下:

(1) 区域选择(穷举策略:采用不同大小、不同长宽比的窗口滑动遍历整幅图像,时间复杂度高)。

(2) 特征提取(经典的特征提取方法有 SIFT、HOG 等;但角度变化、形态变化、光照变化、背景复杂使得特征鲁棒性差)。

(3) 通过分类器对所选择区域进行分类(常用的分类器有 SVM、AdaBoost 等)。

随着深度学习技术的发展,此类方法逐渐被基于卷积神经网络的深度学习目标检测算法所取代。当前,主流的基于卷积神经网络的深度学习目标检测算法主要包括两大类。第一类算法将目标检测划分成两个较为独立的阶段:第一阶段从可能的目标区域里筛选出候选框,从而提取相应的图像特征;第二阶段采用分类器对候选框数据进行处理,从而确定最终的目标边框和类别。第一类算法包括原始 R-CNN、Fast R-CNN、Faster R-CNN,此类算法的优点是目标检测结果准确率高,缺点是由于拆分成独立的两个步骤,影响了算法的运行效率。第二类算法的核心思路是通过一轮图像数据运算,同时确定目标边框和目标类别,此类算法的典型代表是 SDD 和 YOLO,此类算法的优点是运行效率高,但准确率不如第一类算法高。

5.4.3　R-CNN 目标检测算法的原理及实现过程

2012 年,AlexNet 在 ImageNet 上一鸣惊人,受此启发,科研工作者尝试将 AlexNet 在图像分类上的能力迁移到目标检测上。众所周知,将图像分类网络迁移到目标检测上,应主要解决两个难点问题:

(1) 如何利用卷积网络去目标在图像中的定位;

(2) 如何通过小规模数据集上训练出较好的效果。

2014 年,Ross Girshick(罗斯·吉瑞克)等人发表了题为 *Rich feature hierarchies for accurate object detection and semantic segmentation* 的论文,提出了使用“候选区域+卷积神经网络”的方法代替传统目标检测使用的“滑动窗口+手工设计特征”的方法,提出了 R-CNN 框架,使得目标检测取得巨大突破,并掀起了基于深度学习目标检测的热潮。

R-CNN 利用候选区域(region proposal)的方法,解决了图像中的定位问题,这也是该网络被称为 R-CNN 的原因;对于小规模数据集的问题,R-CNN 利用 AlexNet 在 ImageNet 上预训练好的模型,基于迁移学习的原理,对参数进行微调。

基于 R-CNN 的进行目标检测的核心思路如图 5.4.2 所示。

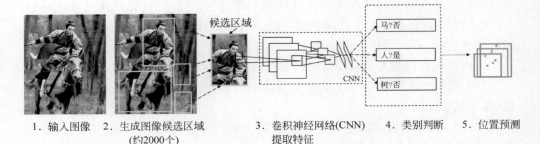

1. 输入图像　2. 生成图像候选区域　　　3. 卷积神经网络(CNN)　　4. 类别判断　　5. 位置预测
　　　　　　　　（约2000个）　　　　　　提取特征

图 5.4.2　基于 R-CNN 的进行目标检测的核心思路

步骤 1,对于输入图像,通过选择性搜索(selective search)算法找到大约 2000个候选区域。

选择性搜索算法的具体实现过程如下:

(1) 生成初始区域集合;

(2) 计算区域集合中所有相邻区域的相似度(相似度综合考虑了颜色、纹理、尺寸和空间交叠);

(3) 合并相似度最高的两个区域,并移除所有与这两个区域有关的区域;

(4) 重新计算合并的区域和其他所有区域的相似度并执行合并过程直到结束(达到阈值)。

步骤 2,将候选区域的尺寸进行调整,这是因为 CNN 模型中的全连接层需要固定的尺寸输入。

步骤 3,用卷积神经网络提取各候选区域特征。

步骤 4,用支持向量机对候选区域的目标进行种类判别。

步骤 5,对候选区域的边框进行预测调整,使预测边框与真实边框更接近。

目标检测是在多个候选区域上分别执行的,最终必然会产生大量的预测边框,而最终希望得到一个最好的边框来确定目标的位置,抑制冗余的矩形框,保留最优边框。具体来说,对于某一个目标,R-CNN 模型框除了有很多预测边框,每一矩形框都会有一个对应的分类概率,将它们从大到小排序,然后舍弃与最大概率的矩形框重合度高的矩形框,保留剩下的矩形框;然后再对次大概率的矩形框进行同样操作,直到各预测边框具有较高的分类概率,且重合度较低。

5.4.4　实例需求

例 5.4.1　设计一个 R-CNN 目标检测深度网络,用于检测图像中的 stop sign的交通路标。

图 5.4.3　需求实例示意图

5.4.5　实现步骤

实现 5.4.4 节的实例需求主要包括以下几个步骤：

步骤 1,构建一个卷积神经网络；

步骤 2,采用 CIFAR-10 数据集,训练所构建的卷积神经网络；

步骤 3,验证卷积神经网络的分类效果；

步骤 4,基于迁移学习的原理,在上述步骤构建的卷积神经网络的基础上,通过 41 张包括 stop sign 的图像训练 R-CNN 检测器；

步骤 5,检验检测器对 stop sign 图像的检测效果。

5.4.6　本节所用到的函数

训练 R-CNN 检测器：trainRCNNObjectDetector

功能：实现对 R-CNN 检测器的训练。

用法：rcnn = trainRCNNObjectDetector(traindata, net, options, ...
'NegativeOverlapRange', [0 a], 'PositiveOverlapRange',[b 1])

输入：traindata——训练数据；

net——已有的或完成预训练的卷积神经网络；

options——训练策略参数。

在训练 R-CNN 的过程中,依据根据预测边框与目标实际边框的重合面积将其分为正向重合区域 PositiveOverlapRange(范围为[b 1])和负向重合区域 NegativeOverlapRange(范围为[0 a])。

输出：rcnn 为训练好的目标检测网络。

例如,rcnn = trainRCNNObjectDetector(stopSigns, net, options, ...
'NegativeOverlapRange', [0 0.3], 'PositiveOverlapRange',[0.5 1])

这个语句实现的功能为：基于 stopSigns 数据集,对预训练好的网络 net 采用

options 所定义的训练策略进行 rcnn 的训练,将重合区域比例在[0 0.3]的区域定义为负向重合区域,将重合区域比例在[0.5 1]的区域定义为正向重合区域。

5.4.7　程序实现

5.4.5 节所述的步骤可以通过例程 5.4.1 来实现。读者可以结合 5.4.6 节的函数解析、程序的注释以及第 4 章的相关内容进行理解。例程 5.4.7 的运行效果如图 5.4.4 所示。

注意:本例需要用到 CIFAR-10 数据集,请读者按照 4.7.3 节介绍的步骤进行操作。

例程 5.4.1

```
**********************************************************
%% 程序说明
% 例程 5.4.1
% 功能:训练 R - CNN 用于识别交通标志
% 作者:zhaoxch_mail@sina.com
% 时间:2020 年 4 月 19 日

%% 步骤1:构建一个卷积神经网络
% 输入层(与训练集图像的大小相同)
inputLayer = imageInputLayer([32 32 3]);
% 卷积层
filterSize = [5 5];            % 卷积核大小
numFilters = 32;               % 卷积核个数
middleLayers = [
convolution2dLayer(filterSize, numFilters, 'Padding', 2)
reluLayer()
maxPooling2dLayer(3, 'Stride', 2)
convolution2dLayer(filterSize, numFilters, 'Padding', 2)
reluLayer()
maxPooling2dLayer(3, 'Stride',2)
convolution2dLayer(filterSize, 2 * numFilters, 'Padding', 2)
reluLayer()
maxPooling2dLayer(3, 'Stride',2)
];
% 全连接层
finalLayers = [
fullyConnectedLayer(64)
reluLayer
fullyConnectedLayer(10)
softmaxLayer
classificationLayer
];
% 构建整个卷积神经网络
layers = [
    inputLayer
    middleLayers
```

```
    finalLayers
    ];
```

%% 步骤 2: 采用 CIFAR-10 数据集, 训练所构建的卷积神经网络;
% 导入 CIFAR-10 数据集, 要求与步骤详见 4.7 节

```
[trainingImages,trainingLabels,testImages,testLabels] = helperCIFAR10Data.
load('cifar10Data');
```

% 显示其中的 100 幅
```
figure
thumbnails = trainingImages(:,:,:,1:100);
montage(thumbnails)
```

% 设置训练策略参数
```
opts = trainingOptions('sgdm', ...
    'Momentum', 0.9, ...
    'InitialLearnRate', 0.001, ...
    'LearnRateSchedule', 'piecewise', ...
    'LearnRateDropFactor', 0.1, ...
  'LearnRateDropPeriod', 8, ...
    'MaxEpochs', 25, ...
    'MiniBatchSize', 128, ...
    'Verbose', true);
```

% 训练网络, trainNetwork 函数的参数依次分别为: 训练数据集, 训练集标签, 网络结构,
% 训练策略
```
    cifar10Net = trainNetwork(trainingImages, trainingLabels, layers, opts);
```

%% 步骤 3: 验证卷积神经网络的分类效果
```
YTest = classify(cifar10Net, testImages);
```
% 计算正确率.
```
accuracy = sum(YTest == testLabels)/numel(testLabels)
```

%% 步骤 4: 训练 RCNN 检测器
% 导入 41 张包括 stop sign 的图像
```
data = load('stopSignsAndCars.mat', 'stopSignsAndCars');
stopSignsAndCars = data.stopSignsAndCars;
```
% 设置图像路径参数
```
visiondata = fullfile(toolboxdir('vision'),'visiondata');
stopSignsAndCars.imageFilename = fullfile(visiondata, stopSignsAndCars.imageFilename);
```
% 显示数据
```
summary(stopSignsAndCars)
```
% 只保留文件名及其所包含的 stop sign 区域
```
stopSigns = stopSignsAndCars(:, {'imageFilename','stopSign'});
```
% 显示一张照片及其所包含的真实 stop sign 区域
```
I = imread(stopSigns.imageFilename{1});
I = insertObjectAnnotation(I, 'Rectangle', stopSigns.stopSign{1}, 'stop sign',
'LineWidth',8);
figure
```

```
imshow(I)

% 设置训练策略
    options = trainingOptions('sgdm', ...
        'MiniBatchSize', 128, ...
        'InitialLearnRate', 1e-3, ...
        'LearnRateSchedule', 'piecewise', ...
        'LearnRateDropFactor', 0.1, ...
        'LearnRateDropPeriod', 100, ...
        'MaxEpochs', 35, ...
        'Verbose', true);

    % 训练 R-CNN 网络
    rcnn = trainRCNNObjectDetector(stopSigns, cifar10Net, options, ...
    'NegativeOverlapRange', [0 0.3], 'PositiveOverlapRange',[0.5 1])

% 载入测试图片
testImage = imread('stopSignTest.jpg');
%% 步骤 5：检验检测器对 stop sign 图像的检测效果
% 检测 stop sign
[bboxes,score,label] = detect(rcnn,testImage,'MiniBatchSize',128)
% 标注置信度
[score, idx] = max(score);
bbox = bboxes(idx, :);
annotation = sprintf('%s: (Confidence = %f)', label(idx), score);
outputImage = insertObjectAnnotation(testImage, 'rectangle', bbox, annotation);
figure
imshow(outputImage)
*********************************************************
```

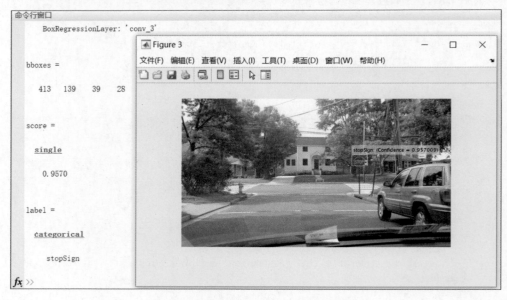

图 5.4.4　例程 5.4.1 的运行效果

5.4.8　基于 AlexNet 迁移学习的 R-CNN 实现

例程 5.4.1 构建了一个新的卷积神经网络,采用 CIFAR-10 数据集对网络预训练,然后再基于 41 幅包括 stop sign 的图像训练 R-CNN 目标检测网络。那么,已有的成熟网络是否可以通过训练,形成 R-CNN 目标检测网络呢? 答案是肯定的。

在 AlexNet 的基础上,基于迁移学习,来训练 R-CNN 目标检测网络的步骤如下:

步骤 1,导入 AlexNet。

步骤 2,基于迁移学习的原理,在 AlexNet 卷积神经网络的基础上,通过 41 幅包括 stop sign 的图像训练 R-CNN 检测器。

步骤 3,检验检测器对 stop sign 图像的检测效果。

上述步骤可以通过例程 5.4.2 来实现,其运行效果如图 5.4.5 所示。

注意:关于 AlexNet 的下载及安装方式,请参见 4.3.4 节,此处不再赘述。

例程 5.4.2

```
**************************************************************
%% 程序说明
% 例程 5.4.2
% 功能: 基于 AlexNet 训练 R－CNN 用于识别交通标志
% 作者: zhaoxch_mail@sina.com
% 时间: 2020 年 4 月 19 日

%% 步骤 1: 载入 AlexNet,载入的方法详见 4.3.4 节
net = alexnet;

%% 步骤 2: 训练 R－CNN 检测器
% 载入训练集
data = load('stopSignsAndCars.mat', 'stopSignsAndCars');
stopSignsAndCars = data.stopSignsAndCars;
% 设置图像路径参数
visiondata = fullfile(toolboxdir('vision'),'visiondata');
stopSignsAndCars.imageFilename = fullfile(visiondata, stopSignsAndCars.imageFilename);
% 显示数据
summary(stopSignsAndCars)

% 只保留文件名及其所包含的 stop sign 区域
stopSigns = stopSignsAndCars(:, {'imageFilename','stopSign'});
% 显示一张照片及其所包含的真实 stop sign 区域
I = imread(stopSigns.imageFilename{1});
I = insertObjectAnnotation(I, 'Rectangle', stopSigns.stopSign{1}, 'stop sign', '
LineWidth',8);
figure
```

```
imshow(I)

% 设置训练策略
    options = trainingOptions('sgdm', ...
        'MiniBatchSize', 128, ...
        'InitialLearnRate', 1e - 3, ...
        'LearnRateSchedule', 'piecewise', ...
        'LearnRateDropFactor', 0.1, ...
        'LearnRateDropPeriod', 100, ...
        'MaxEpochs', 2, ...
        'Verbose', true);

% 训练网络
    rcnn = trainRCNNObjectDetector(stopSigns, net, options, ...
    'NegativeOverlapRange', [0 0.3], 'PositiveOverlapRange',[0.5 1])

%% 步骤 5: 检验检测器对 stop sign 图像的检测效果
% 载入测试图片
testImage = imread('stopSignTest.jpg');
% 检测 stop sign 标志
[bboxes,score,label] = detect(rcnn,testImage,'MiniBatchSize',128)

% 计算置信度并显示
[score, idx] = max(score);
bbox = bboxes(idx, :);
annotation = sprintf('% s: (Confidence = % f)', label(idx), score);
outputImage = insertObjectAnnotation(testImage, 'rectangle', bbox, annotation);
figure
imshow(outputImage)
    *****************************************************************
```

图 5.4.5 例程 5.4.2 的运行效果

对比例程 5.4.1 与例程 5.4.2 的实现过程以及两个程序的运行效果可知,基于 AlexNet 迁移学习的 R-CNN 检测器实现更加简单,检测成功率更高。

5.4.9　基于 Image Labeler 的 R-CNN 目标检测器构建

在例程 5.4.1 和例程 5.4.2 训练 R-CNN 目标检测器的过程中,所采用的数据集都是 MATLAB 自带的,那么是否可以自己构建用于训练 R-CNN 目标检测器的数据集呢? MATLAB 中自带的 Image Labeler(见图 5.4.6)便是一个很好的工具。

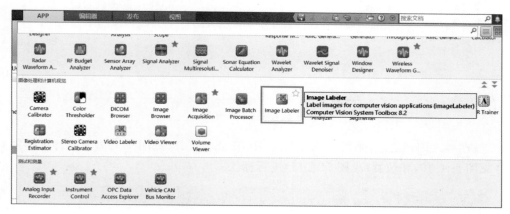

图 5.4.6　Image Labeler

将本书配套资料中的名为 stopsign 的文件夹复制到 C 盘的\Documents\MATLAB 的文件夹中(注:MATLAB 安装在不同的硬盘分区里,路径可能不同。此处的路径为 C:\Users\zhao\Documents\MATLAB\)。

单击 Image Labeler 图标,出现如图 5.4.7 所示的界面。

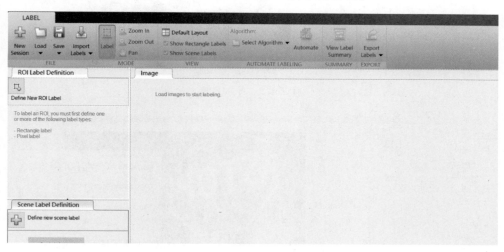

图 5.4.7　Image Labeler 界面

如图 5.4.8 所示,单击 Load 按钮,将 stopsign 文件夹下的所有图片导入。

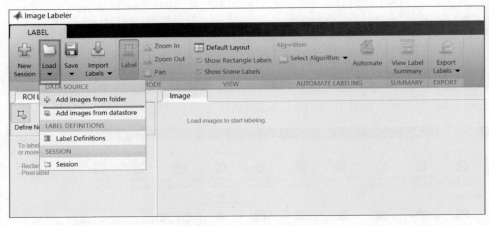

图 5.4.8 导入图片

在导入图片之后,采用 Define New ROILabel 工具(见图 5.4.9)对目标的类别(见图 5.4.10)和位置(见图 5.4.11)进行标注。

图 5.4.9 导入图像

图 5.4.10 设置分类标签

图 5.4.11　标注目标位置

　　依次完成对所有图像的位置和种类的标注,如图 5.4.12 所示。单击 ExportLabels,
选择 ToWorkspace,生成 grouthTruth 格式的数据,如图 5.4.13 所示。

图 5.4.12　依次完成对所有图像的位置和种类的标注

图 5.4.13　将标注的样本导出到工作空间

在完成上述操作后,通过例程 5.4.3 可实现训练 R-CNN 网络。在运行程序之前,请将本书配套资料中的名为 stoptest.jpg 的文件夹复制到 C 盘的\Documents\MATLAB 的文件夹之中(注:MATLAB 安装在不同的硬盘分区里,路径可能不同。此处的路径为 C:\Users\zhao\Documents\MATLAB\)。

注意:关于 AlexNet 的下载及安装方式,请参考 4.3.4 节,此处不再赘述。

例程 5.4.3

```
*********************************************************
%% 程序说明
% 例程 5.4.3
% 功能: 基于 Image Labeler 输出数据的 R-CNN 目标检测器构建
% 作者: zhaoxch_mail@sina.com
% 时间: 2020 年 4 月 19 日


%% 进行数据类型的转化
trainingdate = objectDetectorTrainingData(gTruth);
%% 导入网络
net = alexnet;
%% 设置训练策略参数并进行训练
% 设置训练策略参数
options = trainingOptions('sgdm', ...
        'MiniBatchSize', 128, ...
        'InitialLearnRate', 1e-3, ...
        'LearnRateSchedule', 'piecewise', ...
        'LearnRateDropFactor', 0.1, ...
        'LearnRateDropPeriod', 100, ...
        'MaxEpochs',10, ...
        'Verbose', true);


% 训练网络.
    rcnn = trainRCNNObjectDetector(trainingdate, net, options, ...
    'NegativeOverlapRange', [0 0.3], 'PositiveOverlapRange',[0.5 1])


%% 显示测试结果
% 读取数据
I = imread('stoptest.jpg');
% 用检测器测试
[bboxes,scores] = detect(rcnn,I);
% 标注测试结果并显示
I = insertObjectAnnotation(I,'rectangle',bboxes,scores);
figure
imshow(I)
*********************************************************
```

在例程 5.4.3 中,通过 objectDetectorTrainingData 函数将 grouthTruth 格式的数据转换成为可以用于训练的数据。例程 5.4.3 的运行效果如图 5.4.14 所示。

图 5.4.14　例程 5.4.3 的运行效果

5.5　基于 Video Labeler 与 R-CNN 的车辆检测

在 5.4 节讲解了目标检测的概念及 R-CNN 目标检测算法的原理和实现过程,在此基础上,本节重点介绍如何基于 Video Labeler 与 R-CNN 的车辆检测。本节采用步骤指引式的讲解方式,读者可以按照文中的步骤进行操作,在操作中学习、体会。

5.5.1　实例需求

例 5.5.1　基于 Video Labeler 构建设计一个 R-CNN 目标检测深度网络,用于检测图像中的汽车目标,如图 5.5.1 所示。

5.5.2　实现步骤

步骤 1,将本书配套资料中的名为 drivingdata. mp4 的视频和名为 cars. png 的图像复制到 C 盘的\Documents\MATLAB 文件夹中(注: MATLAB 安装在不同的硬盘分

图 5.5.1　目标图像

区里,路径可能不同。此处的路径为 C:\Users\zhao\Documents\MATLAB\)。

步骤 2,如图 5.5.2 所示,单击 Video Labeler 图标,出现如图 5.5.3 所示的界面。

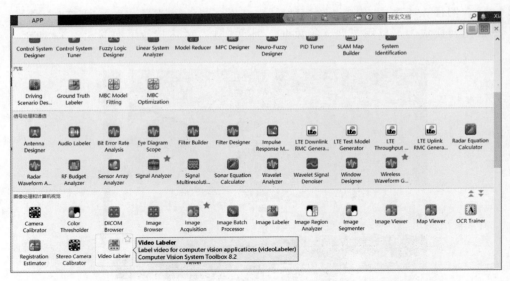

图 5.5.2　单击 Video Labeler 图标

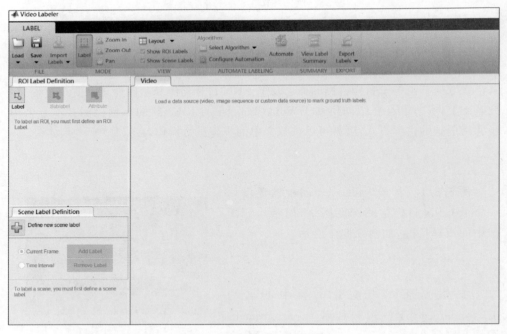

图 5.5.3　Video Labeler 界面

步骤 3，如图 5.5.4 所示，单击 Load 按钮，导入 drivingdata. mp4 视频。导入待标注视频后，会出现如图 5.5.5 所示的界面。

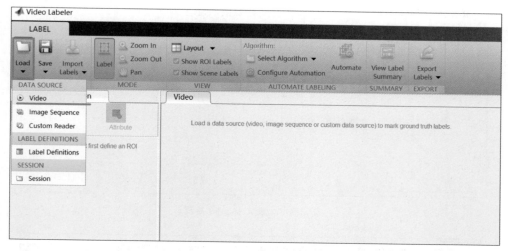

图 5.5.4　导入视频

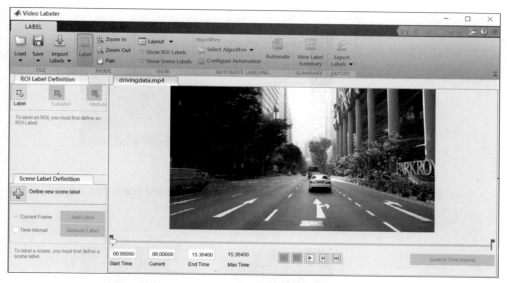

图 5.5.5　导入视频后的界面

步骤 4,单击 Label 按钮设定标注的类别(见图 5.5.6),在 Label Name 栏内输入 car,可以选定标注的形状。

步骤 5,自动标注需要选择跟踪算法,可供选择的有 ACF 车辆检测算法、ACF 行人检测算法以及 KLT 光流跟踪算法,在本实例中选择 ACF 车辆检测算法,如图 5.5.7 所示。

步骤 6,算法选择好后,设定好时间轴上的标定时间范围,单击工具栏中的 Automate 按钮进入自动标注选定界面(见图 5.5.8),标注的过程如图 5.5.9 所示。

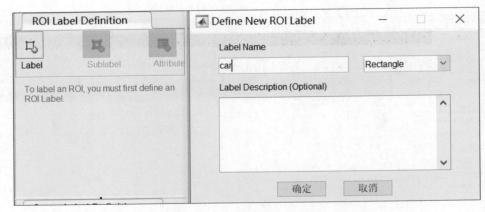

图 5.5.6　设定标注的类别

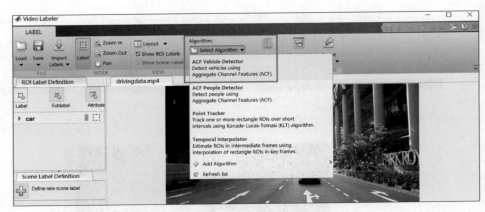

图 5.5.7　选择目标跟踪算法

图 5.5.8　进入自动标注选定界面

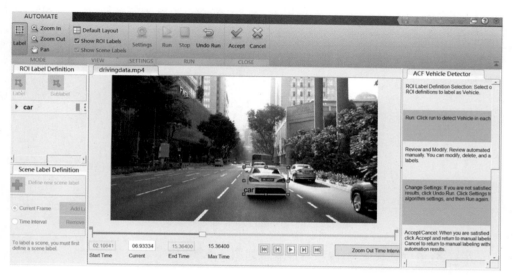

图 5.5.9 自动标注的过程

自动标注完成后可以单击时间轴中的播放按钮查看标注效果。如果效果良好,则单击工具栏中的 Accept 按钮完成自动标注。

步骤 7,当自动标注完成后,单击工具栏中的 Export Labels 按钮(见图 5.5.10),生成 grouthTruth 格式的数据。

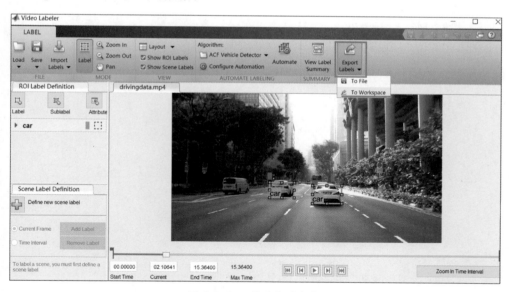

图 5.5.10 导出标注数据

groundTruth 格式包括视频文件路径、标注定义以及一个包括每帧标注点坐标,如图 5.5.11 所示。

图 5.5.11 groundTruth 格式的数据

步骤 8,运行例程 5.5.1,其运行效果如图 5.5.12 所示。

例程 5.5.1

```
****************************************************************
%% 程序说明
% 实例 5.5.1
% 功能:基于 Video Labeler 输出数据的 R-CNN 目标检测器构建
% 作者:zhaoxch_mail@sina.com
% 时间:2020 年 4 月 19 日

%% 进行数据类型的转化
trainingdate = objectDetectorTrainingData(gTruth);
%% 导入网络
net = alexnet;

%% 设置训练策略参数并进行训练
% 设置训练策略参数
options = trainingOptions('sgdm', ...
        'MiniBatchSize', 128, ...
        'InitialLearnRate', 1e-3, ...
        'LearnRateSchedule', 'piecewise', ...
        'LearnRateDropFactor', 0.1, ...
        'LearnRateDropPeriod', 100, ...
        'MaxEpochs', 2, ...
        'Verbose', true);

% 训练网络
    rcnn = trainRCNNObjectDetector(trainingdate, net, options, ...
    'NegativeOverlapRange', [0 0.3], 'PositiveOverlapRange',[0.5 1])

%% 显示测试结果
% 读取数据
```

```
I = imread('cars.png');
% 用检测器测试
[bboxes,scores] = detect(rcnn,I);
% 标注测试结果并显示
I = insertObjectAnnotation(I,'rectangle',bboxes,scores);
figure
imshow(I)
**************************************************************
```

图 5.5.12　例程 5.5.1 的运行效果

在例程 5.5.1 中，通过 objectDetectorTrainingData 函数将 grouthTruth 格式的数据转换成为可以用于训练的数据。

5.6　思考与练习

1. 什么是图像分类？图像分类面临的难点有哪些？图像分类有哪些评价指标？

2. 传统的基于特征的图像分类与基于深度学习的图像分类的主要区别是什么？

3. 通过 MATLAB 编程实现采用 AlexNet 对自己制作的图像数据集进行分类。

4. 通过 MATLAB 编程实现采用 LeNet 对手写数字图片的分类。

5. 目标分类、目标检测、目标分割的区别是什么？

6. 评价目标检测性能的指标有哪些？

7. 请简述 R-CNN 的实现步骤。

8. 用 Image Labeler 构建目标检测所用的数据集并将其到如 MATLAB 工作空间中，转化成为可以用于训练的数据。

9. 请在 MATLAB 中编写人行横道 R-CNN 的检测程序。

10. 下列程序的功能是什么？请为下列程序添加注释。

```matlab
% 功能: _____

% _____
net = alexnet;

% 载入训练集
data = load('stopSignsAndCars.mat', 'stopSignsAndCars');
stopSignsAndCars = data.stopSignsAndCars;
% 设置图像路径参数
visiondata = fullfile(toolboxdir('vision'),'visiondata');
stopSignsAndCars.imageFilename = fullfile(visiondata, stopSignsAndCars.imageFilename);
% 显示数据
summary(stopSignsAndCars)

% 只保留文件名及其所包含的 stop sign 区域
stopSigns = stopSignsAndCars(:, {'imageFilename','stopSign'});
% _____
    options = trainingOptions('sgdm', ...
        'MiniBatchSize', 128, ...
        'InitialLearnRate', 0.0001, ...
        'LearnRateSchedule', 'piecewise', ...
        'LearnRateDropFactor', 0.1, ...
        'LearnRateDropPeriod', 100, ...
        'MaxEpochs', 10, ...
        'Verbose', true);

% _____
    rcnn = trainRCNNObjectDetector(stopSigns, net, options, ...
    'NegativeOverlapRange', [0 0.3], 'PositiveOverlapRange',[0.5 1])

% 载入测试图片
testImage = imread('stopSignTest.jpg');
% _____
[bboxes,score,label] = detect(rcnn,testImage,'MiniBatchSize',128)
```

参 考 文 献

[1] LeCun Y，Bottou L，Bengio Y，et al. Gradient-based learning applied to document recognition[J]. *Proceeding. IEEE 1998*，86：2278-2324.

[2] Krizhevsky A，et al. ImageNet Classification with Deep Convolutional Neural Networks [J]. *Communications of the ACM*，2017，60：84～90.

[3] Simonyan K，Zisserman A. Very Deep Convolutional Networks for Large-Scale Image Recognition[J]. CoRR，http://arxir.org/abs/1409.1556.

[4] 涌井良幸，涌井贞美.深度学习中的数学[M]. 杨瑞龙，译.北京：人民邮电出版社，2019.

[5] Kim p.深度学习：基于 MATLAB 的设计实例[M]. 邹伟，等译.北京：北京航空航天大学出版社，2019.

[6] 谭营.人工智能之路[M]. 北京：清华大学出版社，2019.

[7] 叶韵.深度学习与计算机视觉[M].北京：机械工业出版社，2018.

[8] 汤晓鸥，陈玉琨.人工智能基础[M].上海：华东师范大学出版社，2018.

[9] 林大贵. TensorFlow＋Keras 深度学习人工智能实践应用[M]. 北京：清华大学出版社，2019.

[10] 赵小川，MATLAB 计算机视觉实战[M].北京：清华大学出版社，2017.

[11] 罗凡波，王平，梁思源，等.基于深度学习与稀疏光流的人群异常行为识别[J].计算机工程，2020，46(4)：287～300.